2

すうがくの風景

野海 正俊・日比 孝之……[編]

トーリック多様体入門

-扇の代数幾何-

石田 正典…………[著]

朝倉書店

編集者

野海正俊（のうみ まさとし）	神戸大学大学院自然科学研究科
日比孝之（ひび たかゆき）	大阪大学大学院情報科学研究科

ま　え　が　き

複素射影空間などトーリック多様体であるものは昔から多く知られていたが，代数幾何学の中でトーリック多様体が代数多様体のクラスとして認識されるようになったのは 1970 年ぐらいからで，代数幾何学の歴史の中では比較的新しい．

スキーム理論を含む一般次元の代数多様体の抽象的な理論を修得した後にトーリック多様体の理論を学ぶと，一般論では抽象的であったものがトーリック多様体では非常に具体的な形で現れてくるのに気づく．その意味では代数幾何学を勉強した後でトーリック多様体について学んだ方がよいが，一般の代数幾何学の教科書を読むことは大変な労力を要する．

本書は代数幾何学の予備知識を仮定せずにトーリック多様体を紹介し，できれば代数幾何学の別方向からの入門となることをめざした．トーリック多様体は，そのカテゴリー内の操作を考えるだけであれば，対応する錐体の集まりである扇とその操作を考えればよい．代数多様体の導入は最後の章にして，前半では錐体と扇の理論を紹介した．さらに，本書では，扇についての操作の幾何学的意味をはっきりさせるために．扇自身を可能な限り多様体のつもりで扱うことにした．

1 章では扇の要素となる凸多角錐体について解説を行った．扇の理論における錐体は，単に実空間の図形というより，その面からなる複体や各面の生成する部分空間などのたくさんのデータを蓄えた情報源といえる．また，錐体を含む空間の線形写像による像を考えたり，双対空間に定義される双対錐体をとったりなどの様々な操作が可能である．スキーム理論でいえば可換環論にあたる部分であり，理論の基礎となるところなので，定理などにもできるだけ詳しく証明を行った．

代数幾何学の予備知識を仮定せずにトーリック多様体の理論を紹介するため，

2 章では錐体の集まりである扇を多様体として扱い，用語もそれに合わせた．例えば,「射影直線を表す扇」というのが普通であっても，その扇を「射影直線」と呼ぶようにした．ブローアップや特異点の解消も扇の範囲内で述べた．

3 章では 2 次元の扇について，非特異で極小な完備扇や特異点解消の詳細などについて述べた．3 章までは，形の上では実空間の錐体と扇だけの理論になっており，実際の代数多様体は登場しない．

4 章では扇を代数多様化する準備として，代数的トーラスの性質や特徴について述べた．また，平面代数曲線を代数的トーラスの中で考えるとどうなるかを例をあげて紹介した．

代数多様体としてのトーリック多様体は最後の 5 章で定義した．完備性や非特異性などの基本的性質について扇との関係を述べたが，代数幾何学の一般論を詳しく紹介する余裕はないので，ザリスキの主要定理など 2 章のいくつかの定理については，その実際の幾何学的意味を解説することはできなかった．逆に言えば，特異点解消など一般論としては非常に難しい定理が，扇の代数幾何という形で初等的に紹介できたことに本書の意義があるといえるだろう．

2000 年 3 月

石田正典

目　　次

1

錐体と双対錐体

この章では実空間の凸多角錐体とその双対錐体について考える．錐体は 2 章以降で考える扇を構成する要素となる．錐体は想像しやすい対象なので自明と思われやすい補題も多いが，証明はできるだけていねいにつけていくことにする．

1.1　凸多角錐体

この節でのベクトル空間はすべて有限次元の実ベクトル空間とする．特にことわらない限り，ベクトル空間には有理点集合が決まっているとする．すなわち，ベクトル空間 V には特定の基底 $\{u_1, \ldots, u_n\}$ が存在して，$\boldsymbol{Q}u_1 + \cdots + \boldsymbol{Q}u_n$ が V の有理点集合として指定されているとする．

$$(v_1, \ldots, v_n) = (u_1, \ldots, u_n)A$$

を基底の 1 次変換とすると，行列 A の成分がすべて有理数であれば，$\boldsymbol{Q}v_1 + \cdots + \boldsymbol{Q}v_n$ は V の有理点全体の集合となるが，A の成分に有理数でないものがあれば，これは有理点だけの集合ではない．有理点集合を定める基底を V の**有理基底**と呼ぶ．また，有理点で生成される部分空間を**有理部分空間**という．有理部分空間の有理点集合は，元のベクトル空間の有理点集合を制限したものを考える．

V を実数体 $\boldsymbol{R}$ 上のベクトル空間とする．V の部分集合 C が有限個の元 $x_1, \ldots, x_s \in V$ により

$$C = \boldsymbol{R}_0 x_1 + \cdots + \boldsymbol{R}_0 x_s$$

となっているとき，これを**凸多角錐体**あるいは単に**錐体**と呼ぶ．ここで $\boldsymbol{R}_0$ は 0 以上の実数全体を表す．また $\{x_1, \ldots, x_s\}$ を C の**生成系**と呼ぶ．もちろん生成系は一意的ではない．生成系が有理点だけからとれるとき，C を**有理凸多**

角錐体，あるいは有理的な錐体という．

錐体 $C \subset V$ に対して $H(C) := C + (-C)$ および $L(C) := C \cap (-C)$ と定義する．すなわち，$H(C)$ は C を含む V の最小の線形部分空間で，$L(C)$ は C に含まれる V の最大の線形部分空間である．C が有理的であれば，$H(C)$ と $L(C)$ は有理部分空間である．このうち $L(C)$ が有理的であることは自明ではない（補題 1.1.2 参照）．錐体の次元を $\dim C := \dim_{\boldsymbol{R}} H(C)$ で定義する．$\dim C = \dim_{\boldsymbol{R}} V$ すなわち $H(C) = V$ であるとき C を**非退化**な錐体といい，$L(C) = 0$ であるとき C を**強凸**な錐体という．

補題 1.1.1 $C \subset V$ を錐体とし W を V の線形部分空間とすると $C \cap W$ は W の錐体である．C が有理的で W が有理部分空間であれば，$C \cap W$ も有理的となる．

証明 錐体は凸多角錐体のことなので，有限個の元からなる生成系をもつことを示さなくてはならない．まず，W が V で余次元 1 である場合について補題を示す．

余次元を 1 と仮定して，$V = W \oplus L$ と直和分解し z を 1 次元ベクトル空間 L の生成元とする．$\{x_1, \ldots, x_s\}$ を錐体 C の生成系とする．各 x_i に対して $y_i \in W$ と $a_i \in \boldsymbol{R}$ が一意的に存在して $x_i = y_i + a_i z$ となる．C と W が有理的な場合は，L は有理部分空間，x_i, y_i や z は有理点からとれ，a_i はすべて有理数となる．

必要なら番号を付けかえることにより，整数 $0 \leqq p \leqq q \leqq s$ があって

$$a_1, \ldots, a_p > 0, a_{p+1}, \ldots, a_q < 0, a_{q+1} = \cdots = a_s = 0$$

となっていると仮定できる．$j = p+1, \ldots, q$ について $b_j := -a_j$ とおく．このとき

$$b_j y_i + a_i y_j = b_j x_i + a_i x_j \quad (1 \leqq i \leqq p\ ,\ p+1 \leqq j \leqq q)$$

および

$$y_j = x_j \quad (j = q+1, \ldots, s)$$

は $C \cap W$ の元である．有理的な場合は，これらはすべて有理点である．$C \cap W$ がこれらの元で生成される錐体 C' に等しいことを示せばよい．

$C' \subset C \cap W$ であることは明らかなので $C \cap W \subset C'$ であることを示す．C' に含まれない $C \cap W$ の元があったとして，

$$x = c_1 x_1 + \cdots + c_s x_s \quad (c_1, \ldots, c_s \geqq 0)$$

をそのような元のうちで $\{1, 2, \ldots, s\}$ の部分集合 $\{i\,;\, c_i \neq 0\}$ が極小のものとする．x は 0 でないので，ある c_i は 0 でない．$q+1 \leqq j \leqq s$ を満たす j について $c_j \neq 0$ とすると，$x' := x - c_j x_j$ は $x' \in C \cap W \setminus C'$ であって x_j の係数も 0 であるから x の取り方に矛盾する．したがって，$c_{q+1}, \ldots, c_s = 0$ である．$x \in W$ であることから，x の直和因子 L での成分は 0 であり，等式

$$c_1 a_1 + \cdots + c_p a_p = c_{p+1} b_{p+1} + \cdots + c_q b_q$$

が成り立つ．x は 0 でないので，両辺とも 0 でない項がある．非負の実数 $c_1 a_1, \ldots, c_p a_p$ のうちで 0 でないものの一つを $c_i a_i$ とし，同じく非負の実数 $c_{p+1} b_{p+1}, \ldots, c_q b_q$ のうち 0 でないものの一つを $c_j b_j$ とする．$c_i a_i \leqq c_j b_j$ であれば，

$$x' := b_j x - c_i (b_j x_i + a_i x_j)$$

は $C \cap W \setminus C'$ の元で x_i の係数も 0 となり，x の最小性に矛盾する．また，$c_i a_i > c_j b_j$ であれば，

$$x' := a_i x - c_j (b_j x_i + a_i x_j)$$

が $C \cap W \setminus C'$ の元で x_j の係数が 0 となり矛盾する．したがって，$C \cap W = C'$ である．

一般の場合の証明のため，V から W まで 1 次元ずつ下がっていく V の部分空間の下降列（有理的な場合は有理部分空間の下降列）

$$V = V_0 \supset V_1 \supset \cdots \supset V_{d-1} \supset V_d = W$$

を考える．$C \cap V_{i-1}$ が V_{i-1} の錐体であれば，前半の結果から $C \cap V_i$ が V_i の錐体である．したがって，数学的帰納法によりすべての i について $C \cap V_i$ は V_i の錐体である．特に，$C \cap W$ は W の錐体となる．C と W が有理的な場合は，帰納法により，これらはすべて有理的な錐体となる．　証明終わり

V_1, V_2 を $\boldsymbol{R}$ 上の有限次元ベクトル空間とし $V = V_1 \oplus V_2$ とする．$C_1 \subset V_1$ を $x_1, \ldots, x_s$ で生成される錐体とし，$C_2 \subset V_2$ を $y_1, \ldots, y_t$ で生成される錐

体とすると，$C_1 \times C_2$ は明らかに $x_1, \ldots, x_s, y_1, \ldots, y_t$ で生成される V の錐体である．

補題 1.1.2　C, C' を V の錐体とすると $C \cap C'$ も V の錐体である．C, C' が有理的であれば，$C \cap C'$ も有理的である．

証明　$C \times C'$ は $V \oplus V$ の錐体であり，対角集合 $\Delta V := \{(x, x) \in V \oplus V \,;\, x \in V\}$ は $V \oplus V$ の部分空間である．したがって，補題 1.1.1 により $(C \times C') \cap \Delta V$ は ΔV の錐体である．ところが，V と ΔV は対応 $x \mapsto (x, x)$ により同型で，$(C \times C') \cap \Delta V$ を V に引き戻せば $C \cap C'$ となるので，これも錐体である．

後半は対角集合が有理部分空間であることからわかる．　証明終わり

C が有理的であれば $-C$ も有理的なので，$L(C)$ が有理部分空間であることがこの補題からわかる．

V の部分空間は錐体である．実際，$V' \subset V$ が $\boldsymbol{R}$ 上 $\{x_1, \ldots, x_d\}$ で生成されているとすると，V' は錐体としては $\{x_1, \ldots, x_d, -x_1, \ldots, -x_d\}$ で生成されている．したがって，補題 1.1.2 は補題 1.1.1 の一般化と考えられる．

V^* を V の双対ベクトル空間とし，

$$\langle\ ,\ \rangle : V^* \times V \to \boldsymbol{R}$$

を標準的な双線形写像とする．双対空間 V^* の有理点集合は，V の有理基底に双対な V^* の基底により定義する．

錐体 C の部分集合 C' が C の**面**であるとは，ある $u \in V^*$ が存在し，

$$C \subset (u \geqq 0) := \{x \in V \,;\, \langle u, x \rangle \geqq 0\}$$

かつ

$$C' = C \cap \{x \in V \,;\, \langle u, x \rangle = 0\}$$

となっていることと定義する．この u を C の面 C' を**定義する線形関数**という．C' を定義する線形関数は通常一つではない．$u = 0$ の場合を考えれば C 自身も C の面であることがわかる．C 以外の C の面を C の**真の面**ということもある．

C のどの真の面にも含まれない C の点全体を $\mathrm{rel.int}\, C$ と書き，これを C の**相対内部**という．V に通常の位相を入れた場合，$\mathrm{rel.int}\, C$ は C のベクトル

空間 $H(C)$ での内部である．このことは命題 1.2.14 として後で証明する．

面の基本的性質を次にあげる．

命題 1.1.3 C を V の錐体とする．

(1) $F=\{x_1,\ldots,x_s\}$ を C の生成系とする．C の任意の面は，F のある部分集合を生成系としてもつ．特に，錐体 C の面は有限個である．また，C が有理的であればその面も有理的である．

(2) C の面の交わりは，また C の面である．

(3) C' を C の面とすると，C' の面は C の面でもある．

(4) C', C'' が C の面で $C''\subset C'$ であれば，C'' は C' の面である．

証明 (1) C' を C の面とし，$u\in V^*$ が C' を定義しているとする．C' の元 x は非負実数 $c_1,\ldots,c_s$ により $x=c_1x_1+\cdots+c_sx_s$ と書けるが，$\langle u,x_i\rangle\geqq 0$ $(i=1,\ldots,s)$ かつ

$$\langle u,x\rangle=\sum_{i=1}^{s}c_i\langle u,x_i\rangle=0$$

であるから，$\langle u,x_i\rangle\neq 0$ である i について $c_i=0$ である．$\langle u,x_i\rangle=0$ であれば $x_i\in C'$ なので，C' は $\langle u,x_i\rangle=0$ となる x_i 全体で生成されていることがわかる．有限集合 F の部分集合は有限個であるから，C の面も有限個である．C が有理的であれば x_i はすべて有理点にとれるので，面も有理点で生成される．

(2) C_1 と C_2 を C の面とし，それぞれ u_1 と u_2 で定義されているとする．このとき $C\subset(u_1+u_2\geqq 0)$ であって $C\cap(u_1+u_2=0)=C_1\cap C_2$ であるから，$C_1\cap C_2$ は u_1+u_2 で定義される C の面である．C の面は有限個なので，三つ以上の面の交わりについても二つの面の交わりの場合に帰着できる．

(3) C' が $u\in V^*$ で定義されているとし，C_1 は $v\in V^*$ で定義される C' の面とする．$\{x_1,\ldots,x_s\}$ を C の生成系とし，C' はその部分集合 $\{x_1\ldots,x_d\}$ で生成されているとする．実数 a を十分大きくとれば，$j=d+1,\ldots,s$ について $(au+v)(x_j)>0$ となるので，$C\subset(au+v\geqq 0)$ かつ $C\cap(au+v=0)\subset C'$ である．さらに au は C' で 0 であるから，$C\cap(au+v=0)=C_1$ である．したがって，C_1 は $au+v$ で定義される C の面である．

(4) C'' が $w \in V^*$ で定義されているとすると，同じ w で C'' は C' の面としても定義されている． 証明終わり

次の三つの補題の証明は簡単なので省略する．これらは演習問題と考えてもよい．

補題 1.1.4 C_1 が $\{x_1, \ldots, x_s\}$ を生成系とし C_2 が $\{y_1, \ldots, y_t\}$ を生成系とする V の錐体であれば，$C_1 + C_2 := \{x + y\ ;\ x \in C_1, y \in C_2\}$ は $\{x_1, \ldots, x_s, y_1, \ldots, y_t\}$ を生成系とする錐体である．C_1, C_2 が有理的であれば，$C_1 + C_2$ も有理的である．

補題 1.1.5 $f : V \to V'$ が線形写像で $C \subset V$ が $\{x_1, \ldots, x_s\}$ を生成系とする錐体であれば，$f(C)$ は V' の錐体で $\{f(x_1), \ldots, f(x_s)\}$ がその生成系となっている．f が有理線形写像である場合，すなわち有理基底について f を行列で表したときに成分がすべて有理数となる場合は，C が有理的であれば $f(C)$ も有理的となる．

補題 1.1.6 H を V の線形部分空間とする．V の錐体 C が $H(C) = H$ を満たすことは，C が H に非退化な錐体として含まれていることと同値である．

L をベクトル空間 V の有理部分空間とするとき，商ベクトル空間 V/L の有理点集合は V の有理点集合の像として定義される．これにより，自然な全射 $\phi : V \to V/L$ は有理線形写像となる．

L を含む V の錐体と商空間 V/L の錐体の関係は次のようになる．

命題 1.1.7 $L \subset V$ を線形部分空間とし $\phi : V \to V/L$ を自然な全射線形写像とする．

(1) L を含む V の錐体と商空間 V/L の錐体は対応 $C \mapsto \phi(C)$ により一対一に対応する．また ϕ による引き戻しがその逆写像となる．

(2) C' が V/L の錐体であれば，等式

$$H(\phi^{-1}(C')) = \phi^{-1}(H(C'))$$

および

$$L(\phi^{-1}(C')) = \phi^{-1}(L(C'))$$

が成り立つ．

(3) V の錐体 C で $L(C)=L$ となるもの全体と V/L の強凸な錐体全体は $C\mapsto\phi(C)$ により一対一に対応する．

(4) L が有理的であれば，有理錐体に限っても (1) と (3) はともに一対一対応となる．

証明 $L\subset C$ とすると，任意の $x\in C$ に対して $x+L\subset x+C\subset C$ である．すなわち，V の元の L についての同値類は，C に含まれるか C と交わらないかのいずれかである．したがって $\phi^{-1}(\phi(C))=C$ となる．

V/L の錐体 C' が $y_1,\ldots,y_t\in V/L$ で生成されているとする．ϕ の全射性から $\phi(\phi^{-1}(C'))=C'$ となるので $\phi^{-1}(C')$ が錐体であることを示せば (1) が得られる．ϕ の全射性から $x_1,\ldots,x_t\in V$ で各 i について $\phi(x_i)=y_i$ となるものが存在する．任意の $x\in\phi^{-1}(C')$ に対して $c_1,\ldots,c_t\geqq 0$ があって $\phi(x)=c_1y_1+\cdots+c_ty_t$ となるので，$x':=c_1x_1+\cdots+c_tx_t$ とおけば $\phi(x')=\phi(x)$ であり ϕ の定義から $x-x'\in L$ である．よって $x_1,\ldots,x_t$ で生成される V の錐体を C_1 とおけば $\phi^{-1}(C')=C_1+L$ となることがわかる．C_1 と L は錐体であるから $\phi^{-1}(C')$ も錐体である (補題 1.1.4 参照)．

(2) ϕ の準同型性と全射性から

$$\begin{aligned} H(\phi^{-1}(C')) &= \phi^{-1}(C')+(-\phi^{-1}(C')) \\ &= \phi^{-1}(C')+\phi^{-1}(-C') \\ &= \phi^{-1}(C'+(-C')) \\ &= \phi^{-1}(H(C')) \end{aligned}$$

となり，一つ目の等式が得られる．また，二つ目の等式も

$$\begin{aligned} L(\phi^{-1}(C')) &= \phi^{-1}(C')\cap(-\phi^{-1}(C')) \\ &= \phi^{-1}(C')\cap\phi^{-1}(-C') \\ &= \phi^{-1}(C'\cap(-C')) \\ &= \phi^{-1}(L(C')) \end{aligned}$$

により成り立つ．

(3) $L(C)=L$ であることと $\phi(C)$ が強凸であることの同値性が (2) からわかり，(1) からこの対応は全単射であるので (3) が得られる．

(4) L が有理的であれば，有理部分空間 $W \subset V$ をとって V を直和分解 $V = L \oplus W$ することができる．このとき，$\phi|W : W \to V/L$ は有理同型である．V/L の錐体 C' の引き戻し $\phi^{-1}(C')$ は $(\phi|W)^{-1}(C') \oplus L$ であるから，C' の有理性と $\phi^{-1}(C')$ の有理性は同値である．したがって，これらの対応が全単射であることがわかる． 証明終わり

補題 1.1.6 と命題 1.1.7 からわかるように，C を V の錐体とすると，C の $H(C)/L(C)$ への像はこの $\boldsymbol{R}$ ベクトル空間の非退化で強凸な錐体となる．一般に非退化でないか強凸でない錐体の問題は，この方法により低い次元のベクトル空間の非退化で強凸の錐体の問題に帰着されることが多い．したがって，錐体について考える場合，非退化で強凸な錐体を考えることが重要であることがわかる．

V が 1 次元と 2 次元の場合について考えてみよう．次の命題のうち (2) は直感的には明らかであるが，論理的には自明ではなく重要なので，少していねいに証明を与えておく．

命題 1.1.8 (1) $\dim_{\boldsymbol{R}} V = 1$ のとき，V の錐体 C が非退化かつ強凸であるための必要十分条件は，C が V の 0 でない一つの元で生成されることである．

(2) $\dim_{\boldsymbol{R}} V = 2$ のとき，錐体 $C \subset V$ が非退化かつ強凸であるための必要十分条件は，C が V の 1 次独立な二つの元で生成されることである．

証明 (1) 生成系が 0 でない元を含まなければ，$C = \{0\}$ であり非退化でない．生成系が $x \neq 0$ を含むとする．$C = \boldsymbol{R}_0 x$ であれば非退化かつ強凸であり，$C \neq \boldsymbol{R}_0 x$ であれば $C = V$ となり強凸でない．

(2) 十分性は明らかなので必要性を示す．$\{x_1, \ldots, x_s\}$ を C の生成系で極小のものとする．すなわち，その真の部分集合では C が生成されないとする．$C \neq \{0\}$ であるから $s > 0$ である．$s = 1$ であれば $H(C) = \boldsymbol{R}x_1$ となるので C が非退化であることに反する．よって $s \geqq 2$ である．強凸性と極小性から $\{x_1, \ldots, x_s\}$ のどの 2 元も 1 次独立であるから $s = 2$ であることを示せばよい．

$s > 2$ と仮定する．x_1, x_2 は 1 次独立であるから $x_3 = ax_1 + bx_2$ と書ける．

もし $a, b \geqq 0$ であれば x_3 を生成系から除外できるので，極小性からこれはあり得ない．よって，必要なら番号を付け替えることにより $a < 0$ と仮定できる．このとき，もし $b \leqq 0$ であれば

$$-x_1 = \frac{1}{-a}x_3 + \frac{-b}{-a}x_2 \in \boldsymbol{R}_0 x_3 + \boldsymbol{R}_0 x_2$$

であるから $\boldsymbol{R}x_1 \subset L(C)$ となり，C の強凸性に矛盾する．したがって，$b > 0$ でなければならない．ところが，このとき

$$x_2 = \frac{1}{b}x_3 + \frac{-a}{b}x_1 \in \boldsymbol{R}_0 x_3 + \boldsymbol{R}_0 x_1$$

となり x_2 を生成系から除外できる．これはまた生成系の極小性に矛盾する．よって $s = 2$ となる． 証明終わり

命題 1.1.9 $C \subset V$ を錐体とし，L を $L(C)$ に含まれる V の部分空間とする．

(1) C の任意の面は $L(C)$ を含む．

(2) $\phi : V \to V/L$ を自然な全射とし，$\overline{C} := \phi(C)$ とする．C' を C の面とすると $\phi(C')$ は $\overline{C}$ の面で，この対応により C の面全体と $\overline{C}$ の面全体が一対一に対応する．

(3) $u \in V^*$ が C の面 C' を定義すれば，u は V^* の部分空間 $(V/L)^*$ に含まれ，$\overline{C}$ の面 $\phi(C')$ も定義する．逆に，$u' \in (V/L)^*$ が $\overline{C}$ の面 D を定義すれば，u' は V^* の元として C の面 $\phi^{-1}(D)$ を定義する．

証明 C' を C の面とし，$u \in V^*$ で定義されているとする．$C \subset (u \geqq 0)$ と $-C \subset (u \leqq 0)$ より

$$L(C) = C \cap (-C) \subset C \cap (u = 0) = C'$$

となるので (1) が成り立つ．

$u \in V^*$ が $C' \subset C$ を定義するとする．このとき

$$L \subset L(C) \subset C' \subset (u = 0)$$

であるから，u は $(V/L)^*$ に含まれる．u を $(V/L)^*$ の元とみたものを u' とすると，任意の $x \in V$ について $u(x) = u'(\phi(x))$ であるから，$\overline{C} \subset (u' \geqq 0)$ および $\phi(C') = \overline{C} \cap (u' = 0)$ が成り立つ．すなわち $\phi(C')$ は $\overline{C}$ の u' で定義される面である．

逆に，$u' \in (V/L)^*$ が面 $D \subset \overline{C}$ を定義するとする．このとき，u' を V^* の元と考えたものを u とすれば，u は $\overline{C}$ の逆像 C で非負となり，$C \cap (u=0)$ は D の引き戻し $\phi^{-1}(D)$ である．したがって，$\phi^{-1}(D)$ は u で定義される C の面である．以上で (3) がわかる．

また，C の面 C' は L を含むので，$\phi^{-1}(\phi(C')) = C'$ であり，ϕ が全射であることから，$\overline{C}$ の面 D について $\phi(\phi^{-1}(D)) = D$ となる．したがって，(2) の対応の全単射性もいえる． 証明終わり

錐体 $C \subset V$ が V の部分空間 L を含むとき，C の V/L への像を C/L と書くことにする．

非退化な錐体の余次元 1 の面を特に**側面**と呼ぶ．C' を非退化な錐体 $C \subset V$ の側面とすると，$H(C')$ は V の超平面，すなわち余次元 1 の部分空間となる．C はこの超平面で定義される二つの半空間のうち一つに含まれる．C' を定義する $u \in V^*$ は $H(C')$ で 0 であるから，この u は正数倍を除き一意的である．C が有理的であれば，側面 C' も有理的であるから，$H(C')$ は有理超平面である．したがって，この場合，C' を定義する u も V^* の有理点にとることができる．なお，命題 1.1.3 (1) により面の数は有限なので，側面の数も有限である．

定理 1.1.10 C を V の非退化な錐体とする．$\{C_1, \ldots, C_l\}$ を C の側面全体とし，各 C_i が u_i で定義されているとすると，

$$C = \bigcap_{i=1}^{l} (u_i \geqq 0) \tag{1.1}$$

となる．

証明 C が右辺に含まれることは明らかである．x を C に含まれない V の元としたとき，C の側面 C_i が存在して，$\langle u_i, x \rangle < 0$ となることを示せばよい．

命題 1.1.9 により，C の側面全体と $C/L(C)$ の側面全体は自然に一対一に対応し，これらは $(V/L(C))^* \subset V^*$ の同じ元で定義される．$x \notin C$ であれば x の像 $\bar{x}$ は $C/L(C)$ に含まれないので，C を $C/L(C)$ で置き換えることにより，C が強凸の場合に定理を示せばよいことがわかる．以下，C を強凸かつ

非退化とする.

$\dim_{\boldsymbol{R}} V = 1$ のときは側面は $C_1 = \{0\}$ だけで，これは $C = (u_1 \geqq 0)$ となる $u_1 \in V^*$ で定義されるので正しい.

$\dim_{\boldsymbol{R}} V = n \geqq 2$ として n に関する帰納法で証明する.

$\dim_{\boldsymbol{R}} V = 2$ とする. C は強凸であるから，命題 1.1.8 (2) より C は 1 次独立な $\{x_1, x_2\}$ で生成されている. $C_1 := \boldsymbol{R}_0 x_1$, $C_2 := \boldsymbol{R}_0 x_2$ とする. $x = ax_1 + bx_2 \notin C$ としたとき $a < 0$ または $b < 0$ である. $a < 0$ のときは C_2 を定める u_2 が，$b < 0$ のときは C_1 を定める u_1 が条件を満たすことがわかる. なお，条件を満たす u_i を考えると，任意の $y \in H(C_i)$ について $\langle u_i, x + y \rangle = \langle u_i, x \rangle < 0$ であるから，$x + H(C_i)$ と C は交わらない. このことを後で使う.

$\dim_{\boldsymbol{R}} V = n > 2$ とする. $x \notin C$ として，C の $\boldsymbol{R}x$ に含まれない点 x' をとり $H := \boldsymbol{R}x + \boldsymbol{R}x'$ とする. $C \cap H$ は 2 次元ベクトル空間 H の強凸な錐体であるから，$C \cap H = \boldsymbol{R}_0 x'$ であるか，または 2 次元の強凸で非退化な錐体となる. 前者の場合には直線 $\boldsymbol{R}x'$ を L とおく. また，後者の場合には，2 次元の錐体 $C \cap H$ と x について定理の条件を満たす側面の一つを C' とし，L を直線 $H(C')$ と定める. このとき，先に注意したように

$$(x + L) \cap C = (x + L) \cap (C \cap H) = \emptyset$$

であるから，$n-1$ 次元商ベクトル空間 V/L における x の像 $\bar{x}$ は C の像 $\overline{C}$ に含まれない. $\overline{C}$ は V/L の非退化な錐体であるから，帰納法の仮定によりその一つの側面 E を定義する $u \in (V/L)^* \subset V^*$ が存在して $\langle u, \bar{x} \rangle = \langle u, x \rangle < 0$ となる. u が定める C の面を E' とする. E' は L の 1 次元錐体 $\boldsymbol{R}_0 x'$ または C' を含み，しかもその V/L への像 E が $n-2$ 次元であるから，$\dim E' = \dim E + 1 = n - 1$ となる. したがって，E' は C のある側面 C_i に等しいことがわかる. よって，この i について $\langle u_i, x \rangle < 0$ となる. 証明終わり

1.2 双対錐体

$C \subset V$ を錐体とするとき，双対空間の部分集合 $C^\vee \subset V^*$ を

$$C^\vee := \{u \in V^* \,;\, \langle u, x\rangle \geqq 0, \forall x \in C\}$$

で定義する．C の各面を定義する V^* の元は明らかに $C^\vee$ に含まれる．逆に $C^\vee$ の元 u は $C \subset (u \geqq 0)$ を満たすので，$C \cap (u = 0)$ は C の面となる．

V^* も V と同じ次元のベクトル空間であるから，その中の錐体も V と同様に考えることができる．$u_1, \ldots, u_t$ を $C^\vee$ の元とすると，任意の非負整数 $a_1, \ldots, a_t$ と C の任意の元 x について

$$\langle a_1u_1 + \cdots + a_tu_t, x\rangle = a_1\langle u_1, x\rangle + \cdots + a_t\langle u_t, x\rangle \geqq 0$$

であるから，$\{u_1, \ldots, u_t\}$ で生成された V^* の錐体は $C^\vee$ に含まれる．

$C^\vee$ が V^* の錐体であることは後で示すが，その前に

$$C^{\vee\vee} := \{x \in V \,;\, \langle u, x\rangle \geqq 0, \forall u \in C^\vee\}$$

と定義する．このとき次が成り立つ．

補題 1.2.1 C を V の錐体とすると $C^{\vee\vee} = C$ となる．

証明 まず C が非退化であるとする．任意の $x \in C$ と $y \in C^\vee$ について $\langle y, x\rangle \geqq 0$ であるから，C の任意の元は $C^{\vee\vee}$ に含まれる．$\{C_1, \ldots, C_t\}$ が C の側面全体として，これらが $u_1, \ldots, u_t \in C^\vee$ で定義されているとする．定理 1.1.10 により

$$C = \bigcap_{i=1}^{t} (u_i \geqq 0)$$

である．任意の $x \in C^{\vee\vee}$ と任意の i について $\langle u_i, x\rangle \geqq 0$ であるから，右辺は $C^{\vee\vee}$ を含む．したがって，$C \supset C^{\vee\vee}$ も正しい．

一般の場合を考える．$H := H(C)$ とし，部分空間 $L \subset V$ を適当にとって $V := H \oplus L$ と直和分解する．このとき，双対空間 V^* も各直和成分の双対空間の直和 $H^* \oplus L^*$ に分解する．$D := C \subset H$ は H の錐体としては非退化であり，H の錐体としての双対 $D^\vee \subset H^*$ を考えると，前半に示した非退化の場

合から $D = D^{\vee\vee}$ となっている．一方，$\{0\} \subset L$ については $\{0\}^\vee = L^*$ である．したがって，

$$C^{\vee\vee} = (D \times \{0\})^{\vee\vee} = (D^\vee \times L^*)^\vee = D \times \{0\} = C$$

となる． 証明終わり

V^* の錐体 E に対しても，$E^\vee \subset V$ が

$$E^\vee := \{x \in V \,;\, \langle u, x\rangle \geqq 0, \forall u \in E\}$$

で定義される．

定理 1.2.2 (1) 任意の錐体 $C \subset V$ について，$C^\vee$ は V^* の錐体である．C が有理的であれば，$C^\vee$ も有理的な錐体となる．

(2) $C \subset V$ を非退化な錐体とし，C の側面全体の集合を $\{C_1, \ldots, C_t\}$ とする．各 i について C_i が $u_i \in V^*$ で定義されているとすると，$C^\vee$ は $\{u_1, \ldots, u_t\}$ で生成される．

証明 (2) を先に示す．E を $\{u_1, \ldots, u_t\}$ で生成された V^* の錐体とする．定理 1.1.10 は $C = E^\vee$ を示している．したがって，$C^\vee = E^{\vee\vee}$ となるが，V と V^* の役割を置き換えて，補題 1.2.1 を $E \subset V^*$ に適用すれば $E^{\vee\vee} = E$ となる．

(1) を示す．$H := H(C)$ とし $V := H \oplus L$ と直和分解する．このとき $C_1 := C \subset H$ は非退化であるから $C_1^\vee \subset H^*$ は錐体で，$C^\vee = C_1^\vee \times L^*$ は V^* の錐体である．C が有理的であれば，前半で用いた $u_1, \ldots, u_t$ は V^* の有理点にとれるので，$C_1^\vee$ は有理的な錐体である．L を有理的にとれば L^* も有理的となる．よって，$C^\vee$ は有理的である． 証明終わり

錐体 $C \subset V$ に対して，$C^\vee \subset V^*$ を C の**双対錐体**と呼ぶ．

命題 1.2.3 $C_1, C_2 \subset V$ を錐体とすると，V^* において等式

$$(C_1 + C_2)^\vee = C_1^\vee \cap C_2^\vee \tag{1.2}$$

および

$$(C_1 \cap C_2)^\vee = C_1^\vee + C_2^\vee \tag{1.3}$$

が成り立つ．

証明　$\{x_1,\dots,x_s\}$ および $\{y_1,\dots,y_t\}$ をそれぞれ C_1 と C_2 の生成系とする．このとき補題 1.1.4 より (1.2) の両辺はともに

$$\{u \in V^* \,;\, \langle u, x_i\rangle \geqq 0, i=1,\dots,s, \langle u, y_j\rangle \geqq 0, j=1,\dots,t\}$$

に等しい．

次に，V と V^* の役割を取り替えて，$C_1^\vee$ と $C_2^\vee$ に (1.2) を適用すると，補題 1.2.1 により，$(C_1^\vee + C_2^\vee)^\vee = C_1 \cap C_2$ が成り立つ．この両辺の双対錐体を考えると，再び補題 1.2.1 により (1.3) を得る．　証明終わり

V の線形部分空間 W に対して

$$W^\perp := \{y \in V^* \,;\, \langle y, x\rangle = 0, \forall x \in W\}$$

と定義し，W の**直交補空間**という．容易にわかるように，W を錐体と考えたときの双対錐体 $W^\vee$ は $W^\perp$ に等しい．

補題 1.2.4　C を V の錐体とすると $H(C)^\perp = L(C^\vee)$ および $L(C)^\perp = H(C^\vee)$ が成り立つ．特に，強凸な錐体の双対は非退化である．

証明　$H(C)^\perp = (C + (-C))^\vee$ に命題 1.2.3 を使えば

$$(C + (-C))^\vee = C^\vee \cap (-C)^\vee = C^\vee \cap (-C^\vee)$$

となり，これは $L(C^\vee)$ に等しい．二つ目の等式も同様に示される．　証明終わり

$x \in C$ に対して，x を含む C の面すべての共通部分を $D(x)$ とすれば，命題 1.1.3 (2) により $D(x)$ は x を含む C の最小の面となる．

次の補題は命題 1.1.3 と錐体の相対内部の定義から明らかである．

補題 1.2.5　錐体 C の任意の面 C' について，$D(x) = C'$ となるような点 $x \in C$ 全体は C' の相対内部 $\mathrm{rel.int}\, C'$ に等しい．

この補題により，錐体 C は集合として面の相対内部の直和となることがわかる．

補題 1.2.6　C を錐体とする．$x, y \in C$ に対して $D(x) \subset D(x+y)$ が成り立つ．特に $x \in \mathrm{rel.int}\, C$ であれば任意の $y \in C$ に対して $x + y \in \mathrm{rel.int}\, C$ である．また $x \in \mathrm{rel.int}\, C$ であれば，任意の $z \in H(C)$ に対して，$a \geqq a_0$ なら $ax + z \in C$ となる正の実数 a_0 が存在する．

証明 C の面 $D(x+y)$ を定める元 $u \in C^\vee$ をとる．このとき $\langle u, x+y\rangle = 0$ であるが，$\langle u, x\rangle, \langle u, y\rangle \geqq 0$ であることから $\langle u, x\rangle = 0$ となる．したがって，面 $D(x+y)$ は x を含むので，x を含む最小の面である $D(x)$ も含む．特に $D(x) = C$ であれば $D(x+y) = C$ となる．

後半を示す．V を $H(C)$ で置き換えることにより C を非退化と仮定できる．$\{D_1, \ldots, D_t\}$ を C の側面全体とし，$u_i \in C^\vee$ $(i = 1, \ldots, t)$ が各 D_i を定義しているとする．各 i に対して $x \notin D_i$ であるから $\langle u_i, x\rangle > 0$ となる．したがって，十分大きな a をとればすべての i に対して $\langle u_i, ax+z\rangle \geqq 0$ となるので，定理 1.1.10 により $ax + z \in C$ となる． 証明終わり

$\{x_1, \ldots, x_s\}$ が C の生成系であれば，この補題より $D(x_1 + \cdots + x_s)$ はすべての x_i を含むので C に等しいことがわかる．特に $\mathrm{rel.int}\, C$ はいつも空ではない．また，$x_1, \ldots, x_s$ が有理点であれば $x_1 + \cdots + x_s$ も有理点であるから，C が有理的であれば $\mathrm{rel.int}\, C$ は有理点を含む．

V の 0 でない元 x に対して $x^\perp := (x = 0) \subset V^*$ と定義し，錐体 $C \subset V$ に対して

$$C^\perp := \{u \in V^* \,;\, \langle u, x\rangle = 0, \forall x \in C\}$$

と定義する．容易にわかるように，後者は $H(C)^\perp$ に等しい．また，x が有理点であれば $x^\perp$ は V^* の有理超曲面であり，C が有理的な錐体であれば $C^\perp$ は V^* の有理部分空間となる．

補題 1.2.7 D を錐体 $C \subset V$ の面とする．$x \in \mathrm{rel.int}\, D$ であれば $C^\vee \cap x^\perp = C^\vee \cap D^\perp$ となる．

証明 $x \in D$ であるから $C^\vee \cap x^\perp \supset C^\vee \cap D^\perp$ は明らかである．$u \in C^\vee \cap x^\perp$ とする．$x \in \mathrm{rel.int}\, D$ であるから，補題 1.2.6 により，任意の $y \in D$ に対して $a > 0$ が存在して $ax - y \in D$ となる．このとき，$\langle u, ax-y\rangle \geqq 0$ かつ $\langle u, y\rangle \geqq 0$ で，

$$\langle u, ax-y\rangle + \langle u, y\rangle = a\langle u, x\rangle = 0$$

であることから $\langle u, y\rangle = 0$ となる．よって $u \in D^\perp$ であり，$u \in C^\vee \cap D^\perp$ となる． 証明終わり

錐体 C に対して C の面全体の集合を $F(C)$ と書く．補題 1.2.7 の $C^\vee \cap x^\perp$ は $C^\vee$ の面であるから，$D \in F(C)$ に $C^\vee \cap D^\perp$ を対応させることは $F(C)$ から $F(C^\vee)$ への写像となる．$D_1, D_2 \in F(C)$ で $D_1 \subset D_2$ であれば，定義からあきらかに $C^\vee \cap D_2^\perp \subset C^\vee \cap D_1^\perp$ となっている．すなわち，この対応により包含関係は逆になる．

定理 1.2.8 V を r 次元とし $C \subset V$ を錐体とする．任意の $D \in F(C)$ に対して等式 $\dim D + \dim(C^\vee \cap D^\perp) = r$ が成立する．また，対応 $D \mapsto C^\vee \cap D^\perp$ は $F(C)$ から $F(C^\vee)$ へ全単射であり，$E \in F(C^\vee)$ に $C \cap E^\perp$ を対応させる写像 $F(C^\vee) \to F(C)$ がその逆写像である．

証明 $C_1 := C + H(D)$ とおく．命題 1.2.3 より $C_1^\vee = C^\vee \cap D^\perp$ である．$u \in C^\vee$ が C の面 D を定めるとすると，$C \subset (u \geqq 0)$ と $H(D) \subset (u = 0)$ より

$$
\begin{aligned}
C_1 \cap (u = 0) &= C \cap (u = 0) + H(D) \cap (u = 0) \\
&= D + H(D) \\
&= H(D)
\end{aligned}
$$

となる．さらに，$C_1 \subset (u \geqq 0)$ なので，

$$L(C_1) = C_1 \cap (-C_1) \cap (u = 0) = H(D)$$

となる．したがって，$C_1 = (C^\vee \cap D^\perp)^\vee$ について補題 1.2.4 を用いれば

$$\dim(C^\vee \cap D^\perp) = \dim_{\boldsymbol{R}} L(C_1)^\perp = r - \dim_{\boldsymbol{R}} H(D) = r - \dim D$$

を得る．

D を C の面とすると，$C \cap (C^\vee \cap D^\perp)^\perp$ も C の面で，明らかに包含関係 $C \cap (C^\vee \cap D^\perp)^\perp \supset D$ が成り立つ．前半の結果から，これらの C の面の次元はともに $\dim D$ であることがわかるので，これらの面は等しい．$C^\vee$ の面 E についても同様に $E = C^\vee \cap (C \cap E^\perp)^\perp$ であるから，定理の中で与えた二つの写像は互いに逆写像である．　　証明終わり

この定理から特に，$D \in F(C)$ に対して $H(C^\vee \cap D^\perp) = D^\perp$ であることがわかる．実際，$H(C^\vee \cap D^\perp) \subset D^\perp$ は明らかで，定理の前半からこれらのベクトル空間の次元は等しい．

補題 1.2.9 $C \subset V$ を錐体とし D をその面とする．このとき，任意の $u \in \mathrm{rel.int}(C^\vee \cap D^\perp)$ に対して $D = C \cap u^\perp$ および $D^\vee = C^\vee + \boldsymbol{R}_0(-u)$ が成り立つ．

証明 $C^\vee$ の面 $C^\vee \cap D^\perp$ と u に補題 1.2.7 を適用すると

$$C \cap u^\perp = C \cap (C^\vee \cap D^\perp)^\perp$$

となるが，定理 1.2.8 により右辺は D に等しい．u は $C^\vee$ に含まれるので $C \subset (u \geqq 0)$ であるから，$D = C \cap u^\perp$ は

$$C \cap (-u \geqq 0) = C \cap \boldsymbol{R}_0(-u)^\vee$$

に等しい．命題 1.2.3 により $D^\vee = C^\vee + \boldsymbol{R}_0(-u)$ を得る． 証明終わり

命題 1.2.10 $C \subset V$ を強凸な錐体とする．$\{E_1, \ldots, E_s\}$ を C の 1 次元の面の全体とすると

$$C = E_1 + \cdots + E_s$$

となる．

証明 各 E_i から 0 でない元 l_i をとる．このとき，定理 1.2.8 により，$C^\vee \cap E_i^\perp$ は l_i で定義される $C^\vee$ の側面となる．しかも同じ定理から，これらが非退化な錐体 $C^\vee$ の側面のすべてである．したがって，定理 1.1.10 により

$$C^\vee = (l_1 \geqq 0) \cap \cdots \cap (l_s \geqq 0)$$

となる．この等式の V での双対を考えると，命題 1.2.3 により

$$\begin{aligned} C &= \boldsymbol{R}_0 l_1 + \cdots + \boldsymbol{R}_0 l_s \\ &= E_1 + \cdots + E_s \end{aligned}$$

となる． 証明終わり

錐体 $C \subset V$ の面の減少列

$$D_0 \supsetneqq D_1 \supsetneqq \cdots \supsetneqq D_{e-1} \supsetneqq D_e$$

を考える．

この列が**極大**とは，C の面を両端を含めたどこかに付け加えて列を長くすることができないことをいう．この列が極大であれば，明らかに $D_0 = C$ かつ

$D_e = L(C)$ となる．減少列に含まれる面の次元はすべて異なるので，C の面の減少列の長さは高々 $\dim C - \dim L(C) + 1$ である．特に，任意の減少列は極大な減少列に埋め込むことができる．

命題 1.2.11 $C \subset V$ を錐体とする．C の面の極大な減少列の長さは $\dim C - \dim_{\boldsymbol{R}} L(C) + 1$ である．

証明 C の次元についての数学的帰納法で示す．

$$D_0 \supsetneqq D_1 \supsetneqq \cdots \supsetneqq D_{e-1} \supsetneqq D_e$$

を C の面の極大な減少列とする．C のすべての面は $D_e = L(C)$ を含むので，命題 1.1.9 を適用することにより，C をその $H(C)/L(C)$ への像で置き換えて，C を非退化で強凸と仮定することができる．このとき，$D_0 = C$ かつ $D_e = \mathbf{0}$ である．$e = \dim C$ を示せばよい．

命題 1.2.10 により，D_{e-1} は 1 次元錐体を含むので，極大性の仮定から $\dim D_{e-1} = 1$ となる．強凸な錐体 $C^\vee$ の側面 $C^\vee \cap D_{e-1}^\perp$ の面の減少列

$$C^\vee \cap D_{e-1}^\perp \supsetneqq \cdots \supsetneqq C^\vee \cap D_1^\perp \supsetneqq C^\vee \cap D_0^\perp$$

も定理 1.2.8 により極大である．$\dim C^\vee \cap D_{e-1}^\perp = \dim C - 1$ であるから，帰納法の仮定により $e - 1 = \dim C - 1$ である．したがって，$e = \dim C$ である．

証明終わり

系 1.2.12 $C \subset V$ を非退化な錐体とすると，C の任意の真の面 C' は C のある側面に含まれる．

証明 C' をメンバーとして含む C の面の極大な減少列を考えると，命題 1.2.11 により次元が $\dim C - 1$ の面も含まれ，それが C' を含む C の側面である．

証明終わり

補題 1.2.13 $C \subset V$ を錐体とし，H を V の部分空間とする．$C \cap H$ の任意の面 C_1 に対して C の面 C_2 が存在して $C_1 = C_2 \cap H$ となる．

証明 $C \cap H$ の面 C_1 には，H の線形関数 l が存在して $C \cap H \subset (l \geqq 0)$ かつ $C_1 = (C \cap H) \cap (l = 0)$ となる．$C \cap H$ を V の錐体と考えると，V^* で

の双対錐体は命題 1.2.3 により $C^\vee + H^\perp$ となる．したがって，$C \cap H$ を H の錐体とした場合の双対錐体は，$C^\vee$ の $V^*/H^\perp$ への像に等しい．l はこの双対錐体に含まれるので，ある $l' \in C^\vee$ の像に等しい．すなわち，l' は l の V への拡張で $C \subset (l' \geqq 0)$ を満たす．このとき，$C_2 := C \cap (l' = 0)$ は C の面で $C_1 = C_2 \cap H$ となる． 証明終わり

ここまで V の位相構造は議論に用いなかったが，ここから V に通常の実空間の位相を考える．

C が非退化な錐体であるとき，C の内点全体を $\operatorname{int} C$ と書く．

命題 1.2.14 $C \subset V$ を錐体とすると，$\operatorname{rel.int} C$ は $H(C)$ での C の内点全体に等しい．また，$\operatorname{rel.int} C$ の V での閉包は C に等しい．

証明 V を $H(C)$ で置き換えることにより，C を非退化と仮定できる．このとき，$\operatorname{int} C = \operatorname{rel.int} C$ と $\operatorname{int} C$ の閉包が C であることを示せばよい．

$\{D_1, \ldots, D_s\}$ を C の側面全体とし，各 i について $u_i \in C^\vee$ が D_i を定義しているとする．

$$U := (u_1 > 0) \cap \cdots \cap (u_s > 0)$$

とおく．定理 1.1.10 により，$U = C \setminus (D_1 \cup \cdots \cup D_s)$ であるから，系 1.2.12 により，$U = \operatorname{rel.int} C$ であることがわかる．また，U は開集合で C に含まれているので $U \subset \operatorname{int} C$ である．一方，任意の i について全射線形写像 $u_i : V \to \boldsymbol{R}$ は開写像であるから，

$$u_i(\operatorname{int} C) \subset \{c \in \boldsymbol{R}\,;\, c > 0\}$$

すなわち $\operatorname{int} C \subset (u_i > 0)$ となる．よって，$\operatorname{int} C \subset U$ もわかる．したがって，$\operatorname{int} C = U = \operatorname{rel.int} C$ となる．

$x_0 \in U$ をとる．任意の $y \in C$ に対し，$\epsilon > 0$ であれば $y + \epsilon x_0 \in U$ であるから，y は U の閉包に含まれる．定理 1.1.10 により C は閉だから，$U = \operatorname{int} C$ の閉包は C である． 証明終わり

命題 1.2.15 $C \subset V$ を非退化な錐体とし，H を V の部分空間とする．$\operatorname{int} C \cap H \neq \emptyset$ であれば，$(\operatorname{int} C) \cap H = \operatorname{int}(C \cap H)$ となる．ただし，$\operatorname{int}(C \cap H)$ は H の非退化錐体としての内点全体である．

証明 $(\mathrm{int}\, C) \cap H$ は H の開集合で $C \cap H$ に含まれるので，$(\mathrm{int}\, C) \cap H \subset \mathrm{int}(C \cap H)$ である．$(\mathrm{int}\, C) \cap H$ に含まれない $C \cap H$ の元 x は，命題 1.2.14 により，C のある真の面 C' に含まれる．C' は C の内点を含まないので $C \cap H$ は含まない．したがって，C' を定める線形関数の H への制限は $C \cap H$ の真の面を定めるので，この面の点である x は $\mathrm{int}(C \cap H)$ には含まれない． 証明終わり

1.3 カラテオドリーの定理とその応用

次元と同じ数の元からなる生成系をもつ錐体を**単体的錐体**という．d 次元の単体的錐体 C が $\{x_1, \ldots, x_d\}$ を生成系としてもてば，$x_1, \ldots, x_d$ が 1 次独立であることは明らかである．逆に，1 次独立な元で生成された錐体は，定義から単体的錐体である．

定理 1.3.1 (カラテオドリー) $C \subset V$ を錐体とし $\{x_1, \ldots, x_s\}$ をその生成系とする．$\dim C = d$ であれば，任意の $x \in C$ に対して，生成系の d 個の 1 次独立な元からなる部分集合 $\{x_{i_1}, \ldots, x_{i_d}\}$ が存在して，x は単体的錐体

$$\boldsymbol{R}_0 x_{i_1} + \cdots + \boldsymbol{R}_0 x_{i_d}$$

に含まれる．

証明 $\{x_1, \ldots, x_s\}$ の部分集合で，それが生成する錐体が x を含むもの全体を考える．そのような部分集合は有限個なので，極小なものが存在する．必要なら番号を付け替えることにより，その一つを $\{x_1, \ldots, x_t\}$ とする．この $x_1, \ldots, x_t$ が 1 次独立であることを示そう．

これらが 1 次従属であるとすると，すべては 0 でない実数 $a_1, \ldots, a_t$ が存在して

$$a_1 x_1 + \cdots + a_t x_t = 0 \tag{1.4}$$

となる．必要なら a_i の符号をすべて反転させることにより，ある a_i は正と仮定する．一方，負でない実数 $b_1, \ldots, b_t$ があって

$$x = b_1 x_1 + \cdots + b_t x_t \tag{1.5}$$

となるが，$\{x_1, \ldots, x_t\}$ の極小性から b_i はすべて正であることがわかる．$a_i > 0$ となる i 全体についての b_i/a_i の最小値を $c := b_k/a_k$ とする．等式 (1.4) と (1.5) により

$$\begin{aligned} x &= b_1x_1 + \cdots + b_tx_t - c(a_1x_1 + \cdots + a_tx_t) \\ &= (b_1 - ca_1)x_1 + \cdots + (b_t - ca_t)x_t \end{aligned}$$

となるが，c の取り方から各 i について

$$b_i - ca_i = a_i\left(\frac{b_i}{a_i} - \frac{b_k}{a_k}\right) \geqq 0$$

であり，特に $b_k - ca_k = 0$ となっている．これは x が $\{x_1, \ldots, x_t\} \setminus \{x_k\}$ で生成される錐体に含まれることを示しており，$\{x_1, \ldots, x_t\}$ の極小性に矛盾する．よって $x_1, \ldots, x_t$ は 1 次独立である．$\{x_1, \ldots, x_s\}$ は d 次元の錐体 C を生成するので $t \leqq d$ であり，$\{x_1, \ldots, x_t\}$ に 1 次独立になるように $\{x_{t+1}, \ldots, x_s\}$ から $d - t$ 個の元をつけ加えたものを $\{x_{i_1}, \ldots, x_{i_d}\}$ とすれば，定理の条件を満たす．　証明終わり

この定理から，次に示す錐体の有理点についての基本的な命題が得られる．

命題 1.3.2　$C \subset V$ を有理的な錐体とし，$\{x_1, \ldots, x_s\}$ を有理点からなる C の生成系とする．V の有理点 x が C に含まれれば，x は $x_1, \ldots, x_s$ の非負有理数係数の 1 次結合に書ける．

証明　$\dim C = d$ とする．カラテオドリーの定理により，$\{x_1, \ldots, x_s\}$ の 1 次独立な部分集合 $\{y_1, \ldots, y_d\}$ が存在して，x が $\boldsymbol{R}_0 y_1 + \cdots + \boldsymbol{R}_0 y_d$ に含まれる．したがって，非負の実数 $a_1, \ldots, a_d$ が一意的に存在して

$$x = a_1y_1 + \cdots + a_dy_d$$

となるが，$y_1, \ldots, y_d$ は V の有理基底の一部と考えられ，x が有理点であることから $a_1, \ldots, a_d$ は有理数となる．　証明終わり

次の命題は錐体を有限生成と仮定しているので成り立つが，有限生成でない錐体まで考えた場合は成り立たない．

命題 1.3.3　$C \subset V$ を錐体とすると，C は実空間 V の閉集合である．

証明　カラテオドリーの定理により，C は有限個の単体的錐体の和集合であるから，単体的錐体が閉集合であることを示せばよい．C' を単体的錐体とし $\{x_1, \ldots, x_d\}$ を極小な生成系とすると，C' の元 x は，非負の実数 $a_1, \ldots, a_d$ により

$$x = a_1 x_1 + \cdots + a_d x_d$$

と一意的に表される．したがって，C' 内の点列 $\{y_n\}$ が V の点 y に収束するとすれば，y を $x_1, \ldots, x_d$ の 1 次結合に表したときの係数も非負であり，$y \in C'$ がわかる．　証明終わり

なお，この命題は定理 1.1.10 によって証明することもできる．

カラテオドリーの定理の別の応用を行う前に，あとで使う命題を二つ用意する．

命題 1.3.4　C, C' が V の錐体で $C + C' = V$ であれば，$x \in \mathrm{rel.int}\, C$ かつ $-x \in \mathrm{rel.int}\, C'$ となる元 $x \in V$ が存在する．C と C' が有理的であれば，x は有理点にとれる．

証明　$y \in \mathrm{rel.int}\, C$ かつ $y' \in \mathrm{rel.int}\, C'$ とすると

$$(y + C) + (y' + C') = y + y' + V = V$$

であるから，$z \in C, z' \in C'$ が存在して $(y + z) + (y' + z') = 0$ となる．補題 1.2.6 より $y + z \in \mathrm{rel.int}\, C$ かつ $y' + z' \in \mathrm{rel.int}\, C'$ であるから，$x := y + z$ が条件を満たす．

C と C' が有理的であれば，y, y' をどちらも有理点にとれる．さらに，$-(y + y') \in C + C'$ は有理点であるから，命題 1.3.2 により z, z' も有理点にとれる．したがって，x も有理点にできる．　証明終わり

命題 1.3.5　C_1, C_2 が V の錐体で $D := C_1 \cap C_2$ が C_1 および C_2 の面であるとする．このとき $u \in D^{\perp}$ であって $C_1 \backslash D \subset (u > 0)$ かつ $C_2 \backslash D \subset (u < 0)$ となるものが存在する．さらに，C_1 と C_2 が有理的であれば，u は有理点にとれる．

証明　まず

$$(C_1 + H(D)) \cap (C_2 + H(D)) = H(D)$$

を示す．右辺が左辺に含まれることは明らかである．x を左辺の元とする．rel.int D の元 y をとると，補題 1.2.6 により，十分大きな $a > 0$ をとれば $x' := x + ay \in C_1 \cap C_2 = D$ となる．したがって，$x = x' - ay \in H(D)$ がわかる．

この等式の両辺の双対錐体を考えると，命題 1.2.3 より

$$C_1^\vee \cap D^\perp + C_2^\vee \cap D^\perp = D^\perp$$

となる．命題 1.3.4 より，$u \in \mathrm{rel.int}(C_1^\vee \cap D^\perp)$ で $-u \in \mathrm{rel.int}(C_2^\vee \cap D^\perp)$ となるものが存在する．補題 1.2.9 より

$$C_1 \cap (u = 0) = C_2 \cap (u = 0) = D$$

であるから，この u が条件を満たす．

C, C' が有理的であれば，D も有理的で，さらに $C_1^\vee \cap D^\perp$ と $C_2^\vee \cap D^\perp$ も有理的となる．したがって，命題 1.3.4 により，u は有理点にとれる．　証明終わり

さて，トーリック多様体の理論を展開するためには，格子点集合を指定した実ベクトル空間を考える必要がある．一般的に次のような設定を行う．

N を階数 $r \geqq 0$ の自由 $\boldsymbol{Z}$ 加群とし，$M := \mathrm{Hom}_{\boldsymbol{Z}}(N, \boldsymbol{Z})$ とする．$N_{\boldsymbol{R}} := N \otimes \boldsymbol{R}$ および $M_{\boldsymbol{R}} := M \otimes \boldsymbol{R}$ とおく．これらは r 次元の実ベクトル空間である．

$$\langle\ ,\ \rangle : M_{\boldsymbol{R}} \times N_{\boldsymbol{R}} \longrightarrow \boldsymbol{R}$$

を標準的な非退化双線形写像とし，これにより $M_{\boldsymbol{R}}$ を $N_{\boldsymbol{R}}$ の双対ベクトル空間と考える．

$M_{\boldsymbol{R}}$ の有理点集合は，M の自由加群としての基底を $M_{\boldsymbol{R}}$ の有理基底と考えて定義する．特に，M の元はすべて有理点である．また，N の元は $N_{\boldsymbol{R}}$ の有理点である．$M_{\boldsymbol{R}}$ の有理的錐体は有理点で生成されるが，有理点はある正の整数倍で M の点となるので，各生成元をこのような M の元で置き換えることにより，任意の有理的錐体は M の有限個の元からなる生成系をもつ．

部分集合 $\mathcal{S} \subset M$ が単位的部分半群，すなわち $0 \in \mathcal{S}$ かつ $m, m' \in \mathcal{S}$ なら $m + m' \in \mathcal{S}$ であるとする．$\mathcal{S}$ は有限個の $m_1, \ldots, m_s \in \mathcal{S}$ が存在して

$$\mathcal{S} = \boldsymbol{Z}_0 m_1 + \cdots + \boldsymbol{Z}_0 m_s$$

となっているとき**有限生成**という．ここで $\boldsymbol{Z}_0 := \{a \in \boldsymbol{Z}\ ;\ a \geqq 0\}$ である．

補題 1.3.6　C を M の 1 次独立な部分集合 $\{x_1, \ldots, x_d\}$ で生成された $M_{\boldsymbol{R}}$ の錐体とする．$\mathcal{S} := \boldsymbol{Z}_0 x_1 + \cdots + \boldsymbol{Z}_0 x_d$ とおく．このとき，有限個の元 $m_1, \ldots, m_l \in M \cap C$ が存在して

$$M \cap C = (m_1 + \mathcal{S}) \cup \cdots \cup (m_l + \mathcal{S})$$

となる．

証明　必要なら M を $M \cap H(C)$ で置き換えることにより C を非退化と仮定できるので，$d = r$ として，C を $\{x_1, \ldots, x_r\}$ で生成される単体的錐体とする．$\boldsymbol{Z}x_1 + \cdots + \boldsymbol{Z}x_r$ は M の指数有限の部分加群となるので，正の整数 d で $dM \subset \boldsymbol{Z}x_1 + \cdots + \boldsymbol{Z}x_r$ となるものが存在する．したがって M の元 x は整数 $a_1, \ldots, a_r$ により

$$x = \frac{a_1}{d}x_1 + \cdots + \frac{a_r}{d}x_r$$

と書ける．このうち $0 \leqq a_1, \ldots, a_r < d$ となる x は有限個なので，それらを $\{m_1, \ldots, m_l\}$ とする．$M \cap C$ の任意の元 $y = b_1 x_1 + \cdots + b_r x_r$ は，各 i について b_i を越えない最大の整数を $[b_i]$ とすれば

$$y' := [b_1]x_1 + \cdots + [b_r]x_r \in \mathcal{S}$$

である．一方，

$$y'' := (b_1 - [b_1])x_1 + \cdots + (b_r - [b_r])x_r$$

は，ある $1 \leqq i \leqq l$ について m_i に等しい．したがって，$y = y' + y''$ は $m_i + \mathcal{S}$ の $1 \leqq i \leqq l$ についての和集合に含まれる．　証明終わり

定理 1.3.7　C を M の有限部分集合 F で生成される $M_{\boldsymbol{R}}$ の錐体とし，$\mathcal{S}$ を F で生成される M の単位的部分半群とする．このとき有限個の元 $m_1, \ldots, m_s \in M$ が存在して

$$M \cap C = (m_1 + \mathcal{S}) \cup (m_2 + \mathcal{S}) \cup \cdots \cup (m_s + \mathcal{S})$$

となる．

証明　F' を F の 1 次独立な部分集合とし，F' で生成される単体的錐体を C' とする．F' で生成される半群を $\mathcal{S}'$ とすると，補題 1.3.6 により

$m'_1, \ldots, m'_t \in M \cap C'$ が存在して

$$M \cap C' = (m'_1 + \mathcal{S}') \cup (m'_2 + \mathcal{S}') \cup \cdots \cup (m'_t + \mathcal{S}')$$

となる．$\mathcal{S}' \subset \mathcal{S}$ であるから

$$M \cap C' \subset (m'_1 + \mathcal{S}) \cup (m'_2 + \mathcal{S}) \cup \cdots \cup (m'_t + \mathcal{S})$$

を得る．F のすべての 1 次独立な部分集合について，この包含関係の和集合をとる．左辺の和はカラテオドリーの定理により $M \cap C$ となるので，命題が得られる． 証明終わり

定理 1.3.8 C を $M_{\boldsymbol{R}}$ の有理的錐体とすると $M \cap C$ は半群として有限生成である．

証明 F を C の生成系で，M の有限個の元からなるとする．$\mathcal{S}$ を F で生成される半群とする．定理 1.3.7 により，有限個の元 $m_1, \ldots, m_l \in M \cap C$ が存在して

$$M \cap C = (m_1 + \mathcal{S}) \cup \cdots \cup (m_l + \mathcal{S})$$

となる．したがって，半群 $M \cap C$ は F と $\{m_1, \ldots, m_l\}$ の和集合で生成される． 証明終わり

錐体 C と単位的半群 $\mathcal{S}$ を定理 1.3.7 と同様とする．M の部分集合 E が条件

$$x \in E, a \in \mathcal{S} \Longrightarrow x + a \in E$$

を満たすとき，E を $\mathcal{S}$ **安定**と呼ぶ．

定理 1.3.7 は次のように拡張できる．

定理 1.3.9 C を有理的錐体とする．$M \cap C$ の部分集合 E が $\mathcal{S}$ 安定であれば，有限個の元 $x_1, \ldots, x_s \in E$ が存在して

$$E = (x_1 + \mathcal{S}) \cup (x_2 + \mathcal{S}) \cup \cdots \cup (x_s + \mathcal{S})$$

となる．ただし，この式は $s = 0$ のとき $E = \emptyset$ を意味するとする．

証明 F を $\mathcal{S}$ の生成系とする．F の任意の 1 次独立な部分集合で生成される錐体 C' と単位的半群 $\mathcal{S}'$ および $E \cap C'$ について定理が成り立てば，E につ

いて定理が成り立つことが定理 1.3.7 の場合と同様にわかる．したがって，最初から $F=\{x_1,\ldots,x_d\}$ は 1 次独立で，$\mathcal{S}=\boldsymbol{Z}_0x_1+\cdots+\boldsymbol{Z}_0x_d$ と仮定してよい．

補題 1.3.6 により，M の有限個の元 $\{m_1,\ldots,m_l\}$ が存在して

$$M\cap C=(m_1+\mathcal{S})\cup\cdots\cup(m_l+\mathcal{S})$$

となる．各 i について $E\cap(m_i+\mathcal{S})$ が有限個の元 $y_1,\ldots,y_t\in E$ による $y_j+\mathcal{S}$ の和集合となることを示せば，これを全部の i について考えることにより，E を求めるかたちの和集合に書ける．$E\cap(m_i+\mathcal{S})$ は平行移動により $(E-m_i)\cap\mathcal{S}$ となり，これは $\boldsymbol{Z}x_1+\cdots+\boldsymbol{Z}x_d$ の $\mathcal{S}$ 安定な部分集合であるから，さらに始めから $M=\boldsymbol{Z}^r$ で $\mathcal{S}=\boldsymbol{Z}_0^r$ と仮定してよい．

$E\subset\boldsymbol{Z}_0^r$ が $\boldsymbol{Z}_0^r$ 安定で空でないとする．r についての数学的帰納法で定理を証明する．$r=1$ の場合は $\mathcal{S}=\boldsymbol{Z}_0$ であるから，E の元の最小値を x_1 とすれば $E=x_1+\boldsymbol{Z}_0$ となる．

$r\geqq 2$ として，$\boldsymbol{Z}_0^{r-1}$ については定理が成立するとする．各 $i\geqq 0$ に対して

$$E_i:=\{x\in\boldsymbol{Z}_0^{r-1}\,;\,(x,i)\in E\}$$

とおく．$(x,i)\in E$ であれば $(x,i+1)=(x,i)+(0,1)\in E$ であるから，増大列

$$E_0\subset E_1\subset E_2\subset\cdots$$

となっていることがわかる．$E'=\bigcup_{i\in\boldsymbol{Z}_0}E_i$ とすれば，E' は $\boldsymbol{Z}_0^{r-1}$ の $\boldsymbol{Z}_0^{r-1}$ 安定な部分集合であるから，帰納法の仮定により，有限個の元 $y_1,\ldots,y_m\in E'$ が存在して

$$E'=(y_1+\boldsymbol{Z}_0^{r-1})\cup\cdots\cup(y_m+\boldsymbol{Z}_0^{r-1})$$

となる．E' は増大列の和集合であるから，十分大きな整数 k をとれば $y_1,\ldots,y_m\in E_k$ となる．このとき $E_k=E'$ であり，$i\geqq k$ については $E_i=E_k$ となることがわかる．

$0\leqq i\leqq k$ を満たす各 i について，$E_i\subset\boldsymbol{Z}_0^{r-1}$ に帰納法の仮定を適用すると，有限個の元 $y_{i,1},\ldots,y_{i,m_i}\in E_i$ が存在して

$$E_i=(y_{i,1}+\boldsymbol{Z}_0^{r-1})\cup\cdots\cup(y_{i,m_i}+\boldsymbol{Z}_0^{r-1})$$

となる．E の有限部分集合

$$\{x_1,\ldots,x_s\}:=\{(y_{i,j},i)\,;\,i=0,\ldots,k,\ j=1,\ldots,m_i\}$$

が，$E \subset \boldsymbol{Z}_0^r$ についての定理の条件を満たす．実際，$(x,i) \in E$ として，$0 \leqq i < k$ であれば，ある $y_{i,j}$ についての $(y_{i,j},i)+\boldsymbol{Z}_0^r$ に含まれる．また，$i \geqq k$ であれば，(x,k) がある $(y_{k,j},k)+\boldsymbol{Z}_0^r$ に含まれるので，$(x,i)=(x,k)+(0,i-k)$ もこれに含まれる．　証明終わり

なお，この定理は可換環論におけるヒルベルトの基底定理と同類で，半群環の話に持ち込めばヒルベルトの基底定理の系としても証明できる．

2

扇の代数幾何

トーリック多様体は代数的トーラスを開部分集合として含む特殊な有理的代数多様体である．トーリック多様体の理論は錐体の集まりである扇にトーリック多様体を対応させて，扇によってこの多様体の性質を記述しようとするものである．扇はトーリック多様体を構成するためのデータを含んでいるとともに，その多様体の大まかな構造を表しているので，扇自身を有限集合ながら一種の多様体と考えることができる．

実際の代数多様体の構成は 5 章で行うことにして，この章では，スタンダードな用語からは外れることになるが，扇を一種の多様体と考え，通常は代数多様体に使われている用語によって扇を解説して行く．これは代数幾何学の一般論を学んだことのない人にも適当な代数幾何への裏口入門になるだろう．

錐体の有限集合（時には無限集合）を多様体と思うことに困難があるかもしれないが，代数多様体の理論で一般的なスキーム理論では，可換環の素イデアルの集合を多様体と考えるので，基本的にはこれと同じ考え方である．

なお，この章の後半は内容が少し難しくなるが，2.4 節あたりまでわかれば 3 章以降を読むのに支障はない．

2.1　アフィン扇と一般の扇

N を階数有限の自由 $\boldsymbol{Z}$ 加群とし，$N_{\boldsymbol{R}} := N \otimes_{\boldsymbol{Z}} \boldsymbol{R}$ とする．N の階数を r とすれば $N_{\boldsymbol{R}}$ は次元 r の $\boldsymbol{R}$ ベクトル空間である．N は $N_{\boldsymbol{R}}$ に自然に埋め込まれていると考え，N を $N_{\boldsymbol{R}}$ の**格子点集合**という．

この章からは，錐体は特にことわらない限り有理凸多角錐体のこととする．さらに，錐体を σ, τ, π 等のギリシャ文字で表したときは，常に強凸な有理凸多角錐体を表わすものとする．

$N_{\boldsymbol{R}}$ の二つの錐体 τ と ρ が**分離可能**とは，$N_{\boldsymbol{R}}$ の線形関数 $l: N_{\boldsymbol{R}} \to \boldsymbol{R}$ が存在して

$$\begin{array}{lcl} a \in \tau \setminus (\tau \cap \rho) & \Longrightarrow & l(a) > 0 \\ a \in \tau \cap \rho & \Longrightarrow & l(a) = 0 \\ a \in \rho \setminus (\tau \cap \rho) & \Longrightarrow & l(a) < 0 \end{array}$$

を満たすことと定義する．

τ と ρ を入れ替えた場合は l を $-l$ で置き換えればよいので，分離可能性は錐体の順序にはよらない．しかし,「τ と ρ を分離する線形関数 l」といった場合は，順序に従って l がこの条件を満たすものとする．なお，$\rho \subset \tau$ である場合は，ρ は l で定義される τ の面である．

補題 2.1.1 $N_{\boldsymbol{R}}$ の錐体 τ と ρ が分離可能であることの必要十分条件は，$\tau \cap \rho$ が τ および ρ の面となることである．また，分離可能な場合の分離する関数は M の元からとれる．

証明 τ と ρ が線形関数 l で分離されているとする．このとき，$\tau \subset (l \geqq 0)$ であるから $\tau \cap (l = 0)$ は τ の面で，$\rho \subset (-l \geqq 0)$ より $\rho \cap (l = 0)$ は ρ の面である．分離の条件から，これらの面はともに $\tau \cap \rho$ に等しい．

逆は命題 1.3.5 ですでに証明している．また，同じ命題により l は有理点にとれるので，適当な正の整数倍と取り替えることにより $l \in M$ にできる．

証明終わり

系 2.1.2 π を錐体とすると，π の任意の二つの面は分離可能である．

証明 補題からも明らかであるが，次のように直接 l が構成できる．

τ と ρ を π の面とし，それぞれ線形関数 l_1 と l_2 で定義されているとする．$l = l_2 - l_1$ とおくと，これが τ と ρ を分離している． 証明終わり

$N_{\boldsymbol{R}}$ の強凸な錐体 π について，π の面全体からなる集合を $F(\pi)$ と書き，これを π による**アフィン扇**と呼ぶ．π の強凸性から，アフィン扇は常に零錐体 $\mathbf{0} = \{0\}$ を含む．

$N_{\boldsymbol{R}}$ の強凸な錐体の集合 X が条件

(1) X は零錐体 $\mathbf{0}$ を含む.

(2) アフィン扇の和集合となっている.

(3) X のどの二つの錐体も分離可能である.

を満たすとき，これを $N_{\boldsymbol{R}}$ の**扇**と呼ぶ.

なお，(2) の条件は「$\tau \in X$ かつ $\sigma \prec \tau$ であれば $\sigma \in X$」と同値である.

N の階数が r であれば，$N_{\boldsymbol{R}}$ の扇の**次元**はすべて r と定義する．錐体の数が有限であるとき X を**有限扇**といい，そうでないとき**無限扇**という．命題 1.1.3 (1) と系 2.1.2 により，任意のアフィン扇は有限扇である.

定義からわかるように，$N_{\boldsymbol{R}}$ の最も小さい扇は $T(N) := \{\mathbf{0}\}$ である．これを $N_{\boldsymbol{R}}$ の**トーラス扇**と呼ぶ．5 章で考える扇の多様体化では，トーラス扇は代数的トーラスに置き換えられる.

扇からつくられるトーリック多様体は，扇に含まれる各錐体に対応する領域に分割されるが，次元の小さい錐体ほど大きな領域を占めることになる．今の時点で説明するのは難しいが，扇子が竹などでできた骨を要（かなめ）でつなぎ合わせて，それに紙を張ってつくられるように，錐体の扇も要にあたる零錐体 $\mathbf{0}$ が最も重要で，あとはそれに次元の小さい錐体から順に付け加えられたものと考えるとよい.

例 2.1.3 $N = \boldsymbol{Z}$ とすると $N_{\boldsymbol{R}} = \boldsymbol{R}$ である．このとき，$N_{\boldsymbol{R}}$ の強凸な錐体は $\boldsymbol{R}_0 = \{c \in \boldsymbol{R}\,;\, c \geqq 0\}$, $-\boldsymbol{R}_0$, $\mathbf{0}$ の三つである．$\boldsymbol{A}^1 := F(\boldsymbol{R}_0) = \{\boldsymbol{R}_0, \mathbf{0}\}$ はアフィン扇である．これは多様体化するとアフィン直線になるので，この二つの錐体からなる扇を**アフィン直線扇**または単にアフィン直線と呼ぶ.

この呼び方については説明が必要であろう．5 章で考える多様体化において扇から代数多様体をつくることになるが，このときに各錐体はその余次元に等しい次元の代数的トーラスに置き換えられる．アフィン直線扇の場合は，$\mathbf{0}$ は 1 次元代数的トーラス $\boldsymbol{C}^{\times}$ に $\boldsymbol{R}_0$ は 1 点 $\{0\}$ に置き換えられて，それらの和として 1 次元複素空間 $\boldsymbol{C}$ が得られることになる（図 2.1 参照).

$\boldsymbol{R}_0$ と $-\boldsymbol{R}_0$ は分離可能なので $\boldsymbol{P}^1 := \{\boldsymbol{R}_0, -\boldsymbol{R}_0, \mathbf{0}\}$ も扇である．この扇を**射影直線扇**または単に射影直線と呼ぶ．多様体化においては，錐体 $-\boldsymbol{R}_0$ は無

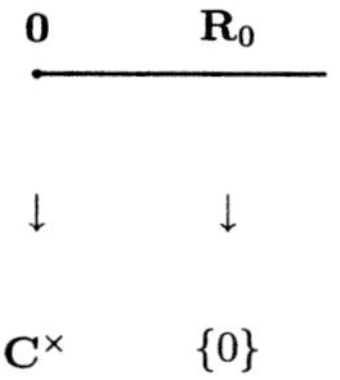

図 **2.1** アフィン直線

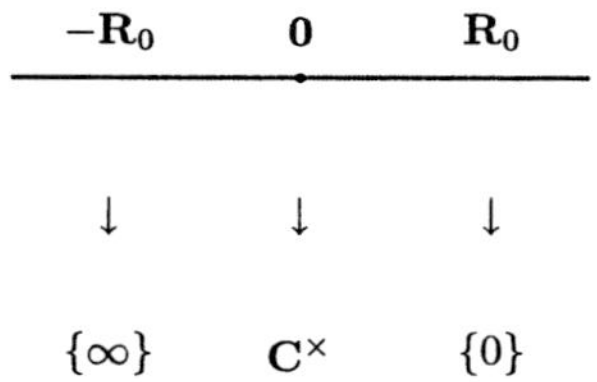

図 **2.2** 射影直線

限遠点 $\{\infty\}$ 置き換えられる（図 2.2 参照）.

なお，図はこのように書いたが，アフィン直線 $\boldsymbol{A}^1$ は 2 元，射影直線 $\boldsymbol{P}^1$ は 3 元からなる集合であって，錐体の和集合ではない.

$N_{\boldsymbol{R}}$ の扇 X と $N'_{\boldsymbol{R}}$ の扇 Y について，$(N \oplus N')_{\boldsymbol{R}} = N_{\boldsymbol{R}} \oplus N'_{\boldsymbol{R}}$ の錐体の集合 $X \times Y$ を

$$X \times Y = \{\sigma \times \tau \,;\, \sigma \in X, \tau \in Y\}$$

と定義する．これが $(N \oplus N')_{\boldsymbol{R}}$ の扇であることを示したい.

補題 2.1.4 アフィン扇の直積 $F(\pi) \times F(\rho)$ はアフィン扇 $F(\pi \times \rho)$ である.

証明 $N_{\boldsymbol{R}}$ と $N'_{\boldsymbol{R}}$ の線形関数 l_1 と l_2 に対して，$N_{\boldsymbol{R}} \oplus N'_{\boldsymbol{R}}$ の線形関数 $l = (l_1, l_2)$ を $l(x, y) := l_1(x) + l_2(y)$ で定義する．$N_{\boldsymbol{R}} \oplus N'_{\boldsymbol{R}}$ の線形関数はすべてこのように書くことができる．錐体 $\pi \subset N_{\boldsymbol{R}}$ と $\rho \subset N'_{\boldsymbol{R}}$ について，l が $\pi \times \rho \subset (l \geqq 0)$ を満たすのは，明らかに $\pi \subset (l_1 \geqq 0)$ かつ $\rho \subset (l_2 \geqq 0)$ のときである．このとき

$$(\pi \times \rho) \cap (l = 0) = (\pi \cap (l_1 = 0)) \times (\rho \cap (l_2 = 0))$$

であるから，$F(\pi \times \rho)$ の元は，ある $\sigma \in F(\pi)$ と $\tau \in F(\rho)$ についての $\sigma \times \tau$ に等しい.

逆に $\sigma \in F(\pi)$ と $\tau \in F(\rho)$ に対し，これらを定める線形関数を l_1 と l_2 とすれば，$l = (l_1, l_2)$ は $\pi \times \rho$ の面 $\sigma \times \tau$ を定義する. 証明終わり

命題 2.1.5 X を $N_{\boldsymbol{R}}$ の扇とし，Y を $N'_{\boldsymbol{R}}$ の扇とすると，扇の直積 $X \times Y$ は $(N \oplus N')_{\boldsymbol{R}}$ の扇である.

証明 補題 2.1.4 により，扇の直積がアフィン扇の和であることがわかるので，あとは $X \times Y$ での錐体の分離性を示せばよい．

$\sigma_1 \times \tau_1, \sigma_2 \times \tau_2 \in X \times Y$ とする．$N_{\boldsymbol{R}}$ の線形関数 l_1 により σ_1 と σ_2 が分離され，$N'_{\boldsymbol{R}}$ の線形関数 l_2 により τ_1 と τ_2 が分離されているとすると，$(N \oplus N')_{\boldsymbol{R}}$ の線形関数 $l = (l_1, l_2)$ により $\sigma_1 \times \tau_1$ と $\sigma_2 \times \tau_2$ が，$(\sigma_1 \cap \sigma_2) \times (\tau_1 \cap \tau_2)$ を共通部分として分離されていることが容易にわかる． 証明終わり

任意の有限個の扇 $X_1, \ldots, X_n$ の直積も，$i = 2, 3, \ldots, n$ について，

$$X_1 \times \cdots \times X_i := (X_1 \times \cdots \times X_{i-1}) \times X_i$$

として帰納的に定義される．n 個の同じ扇 X の直積は X^n と書く．

例 2.1.6 アフィン直線 $\boldsymbol{A}^1$ の n 個の直積 $(\boldsymbol{A}^1)^n$ は $\boldsymbol{A}^n$ と書いて n 次元**アフィン空間扇**と呼ぶ．$\boldsymbol{A}^1 = F(\boldsymbol{R}_0)$ であったから，$(\boldsymbol{A}^1)^n$ は $\boldsymbol{R}^n$ の錐体 $\boldsymbol{R}_0^n$ による $F(\boldsymbol{R}_0^n)$ に等しい．$\boldsymbol{A}^1$ は 0 次元と 1 次元の二つの錐体からなる扇だったので，$\boldsymbol{A}^n$ は 2^n 個の錐体からなる扇である．$0 \leqq d \leqq n$ となる各整数 d について，$\boldsymbol{A}^n$ の d 次元錐体の数は ${}_nC_d$ 個である．

$N_{\boldsymbol{R}}$ の扇 X と $N'_{\boldsymbol{R}}$ の扇 X' が**同型**とは，$\boldsymbol{Z}$ 加群の同型 $\phi : N \to N'$ が存在して，これから引き起こされるベクトル空間の同型 $\phi_{\boldsymbol{R}} : N_{\boldsymbol{R}} \to N'_{\boldsymbol{R}}$ により，$\{\phi_{\boldsymbol{R}}(\sigma)\,;\, \sigma \in X\}$ が X' に一致することと定義する．

$\{n_1, \ldots, n_r\}$ を N の基底とし，π をこの基底で生成された錐体，すなわち

$$\pi = \boldsymbol{R}_0 n_1 + \cdots + \boldsymbol{R}_0 n_r$$

とすると，標準的な同型 $\phi : \boldsymbol{Z}^r \to \boldsymbol{Z}n_1 + \cdots + \boldsymbol{Z}n_r$ により $\phi_{\boldsymbol{R}}(\boldsymbol{R}_0^r) = \pi$ となるので，$F(\pi)$ は n 次元アフィン空間扇 $\boldsymbol{A}^n$ に同型である．N のある基底の部分集合で生成された錐体を**非特異錐体**という．n 次元アフィン空間扇 $\boldsymbol{A}^n$ の元である錐体は $\boldsymbol{R}_0^n$ の面なので，標準基底の部分集合で生成され，すべて非特異錐体である．また，1 次元錐体および零錐体 $\boldsymbol{0}$ は常に非特異錐体である．

非特異錐体だけからなる扇を**非特異扇**という．図 2.3 に 2 次元非特異扇の例を示した．この扇は 4 個の 2 次元非特異錐体，7 個の 1 次元錐体と零錐体からなる．ただし，このような図を見る場合，扇はあくまで錐体を元とする集合であって，錐体の和集合ではないことに注意が必要である．

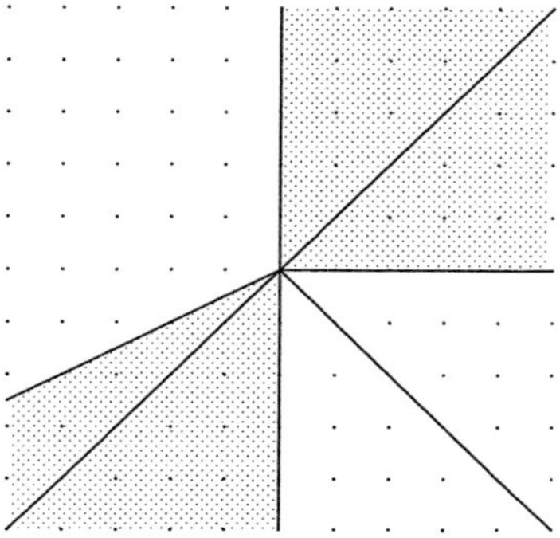

図 **2.3** 2 次元非特異扇

2.2 扇の位相

この節では，扇の位相について考える．

$N_{\boldsymbol{R}}$ の二つの錐体 σ, τ について，σ が τ の面であるという関係 $\sigma \prec \tau$ は任意の錐体の集合について順序関係である．推移律，すなわち $\sigma \prec \tau$ かつ $\tau \prec \rho$ であれば $\sigma \prec \rho$ であることは命題 1.1.3 (3) による．扇の位相はこの順序によって定義される．すなわち，$N_{\boldsymbol{R}}$ の一般の扇 X の位相を次のように定義する．

扇 X の部分集合 U が

$$\tau \in U, \sigma \prec \tau \ \Rightarrow\ \sigma \in U$$

を満たすとき U を開集合と定義する．

これが位相の公理を満たすことは容易に確かめられる．さらに，位相の公理では有限個の開集合の交わりがまた開集合であることを要求するが，この扇の位相の場合は無限個の開集合の交わりも開集合となる．このことにより，ここで開集合と定義したものを「閉集合」と定義し，逆に閉集合を「開集合」と定義しても X は位相空間の公理を満たしている．上記のように X の開集合を定義するのは，X に対応する代数多様体の位相との整合性のためである．

X の閉集合は開集合の補集合であるから，扇 X の部分集合 Y が閉集合となるのは

$$\sigma \in Y, \tau \in X, \sigma \prec \tau \ \Rightarrow\ \tau \in Y$$

となる場合である．

零錐体 $\mathbf{0} = \{0\}$ はどの錐体の面でもあるので，空でない開集合は必ず $\mathbf{0}$ を含む．扇 X の開部分集合は空でなければ扇である．この場合，これを**開部分扇**ということもある．

扇 X の閉部分集合 Y が X と異なれば，Y は $\mathbf{0}$ を含まないので $N_{\boldsymbol{R}}$ の扇ではない．

X の空でない閉部分集合 Y が**既約**であるとは，Y がそれより真に小さい二つの閉部分集合 Y_1, Y_2 の和とならないことと定義する．

X の元 σ に対して

$$X(\sigma\prec) = \{\tau \in X \,;\, \sigma \prec \tau\}$$

とおく．$Y = X(\sigma\prec)$ は X の既約な閉部分集合である．実際，$Y = Y_1 \cup Y_2$ とすると，σ は Y_1 または Y_2 に含まれる．$\sigma \in Y_1$ なら $Y_1 = Y$ となり，$\sigma \in Y_2$ なら $Y_2 = Y$ となるので Y は既約である．

Y を扇 X の部分集合とする．X での順序により $\sigma \in Y$ が Y の極小元となるのは，σ 以外の Y の元が σ の面とならない場合である．Y が空でなければ極小元は必ず存在する．例えば Y に含まれる次元の最も小さい錐体は極小元である．

補題 2.2.1　X の空でない閉部分集合 Y が既約であるための必要十分条件は，Y の極小元がただ一つとなることである．このとき，極小元を σ とすると $Y = X(\sigma\prec)$ である．

証明　σ を Y の極小元の一つとし，$Y_0 = X(\sigma\prec)$ とする．

まず，Y が σ 以外の極小元 τ を含むとすると，$\tau \notin Y_0$ であるから，Y はそれより小さい閉部分集合 Y_0 および $Y \setminus \{\sigma\}$ の和となる．したがって Y は既約ではない．

次に σ がただ一つの極小元であると仮定する．もし $Y \setminus Y_0$ が空でなければ，その極小元の一つを τ とする．τ は Y では極小でないので，ある $\sigma' \in Y_0$ について $\sigma' \prec \tau$ となる．$\sigma \prec \sigma' \prec \tau$ より $\tau \in Y_0$ となるが，これは $\tau \in Y \setminus Y_0$ に反する．したがって $Y = Y_0$ となり，Y は既約である．　証明終わり

$N_{\boldsymbol{R}}$ の錐体 σ に対して

$$N(\sigma)_{\boldsymbol{R}} := H(\sigma) = \sigma + (-\sigma)$$

および $N(\sigma) := N \cap N(\sigma)_{\boldsymbol{R}}$ とおく．この記号は元の格子点集合が別の記号，例えば N' や N_1 で書かれていた場合も，常に $N(\sigma)$ や $N(\sigma)_{\boldsymbol{R}}$ と書くことにする．

さらに $N[\sigma] := N/N(\sigma)$ とおく．$N[\sigma]$ は階数 $r - \dim\sigma$ の自由加群である．M を N の双対加群とすると，$M[\sigma] := M \cap \sigma^{\perp}$ が $N[\sigma]$ の双対加群となり，$M(\sigma) := M/M[\sigma]$ が $N(\sigma)$ の双対加群となる．

$\tau \in X(\sigma\prec)$ に対して，自然な全射

$$\phi_{\boldsymbol{R}} : N_{\boldsymbol{R}} \to N[\sigma]_{\boldsymbol{R}} = N_{\boldsymbol{R}}/N(\sigma)_{\boldsymbol{R}}$$

よる τ の像を $\tau[\sigma]$ と書く．$\tau[\sigma]$ は $N[\sigma]_{\boldsymbol{R}}$ の強凸な錐体である．実際，l を $\sigma \subset (l = 0)$ かつ $\tau \setminus \sigma \subset (l > 0)$ となる $N_{\boldsymbol{R}}$ の線形関数とすると，$N(\sigma)_{\boldsymbol{R}} \subset (l = 0)$ であるから，l は商ベクトル空間 $N[\sigma]_{\boldsymbol{R}}$ の線形関数 $\bar{l}$ で $\tau[\sigma] \setminus \{0\} \subset (\bar{l} > 0)$ となるものを引き起こす．

扇 X の元 σ に対して，$N[\sigma]_{\boldsymbol{R}}$ の扇 $X[\sigma]$ を

$$X[\sigma] := \{\tau[\sigma]\ ;\ \tau \in X(\sigma\prec)\}$$

で定義する．

これが実際に $N[\sigma]_{\boldsymbol{R}}$ の扇となることを見ておこう．$\tau[\sigma]$ の面 C が $N[\sigma]_{\boldsymbol{R}}$ の線形関数 l' で定義されているとすると，l' を $\phi_{\boldsymbol{R}}$ と合成させた $N_{\boldsymbol{R}}$ の線形関数 l は τ の σ を含むある面 ρ を定義しており，$C = \rho[\sigma]$ がわかる．よって $F(\tau[\sigma]) \subset X[\sigma]$ である．あとは，$X(\sigma\prec)$ の相異なる元 τ, ρ について，$\tau[\sigma]$ と $\rho[\sigma]$ が分離可能であることを示せばよい．$\mu := \tau \cap \rho$ とし，l を $N_{\boldsymbol{R}}$ の線形関数で $\mu \subset (l = 0), \tau \setminus \mu \subset (l > 0)$ かつ $\rho \setminus \mu \subset (l < 0)$ を満たすものとする．$\sigma \prec \mu$ であるから $N(\sigma)_{\boldsymbol{R}} \subset (l = 0)$ であり，l から得られる $N[\sigma]_{\boldsymbol{R}}$ の線形関数を l' とすると，$\tau[\sigma] \subset (l' \geqq 0)$ かつ $\rho[\sigma] \subset (l' \leqq 0)$ で

$$\tau[\sigma] \cap (l' = 0) = \rho[\sigma] \cap (l' = 0) = \mu[\sigma]$$

となることがわかる．したがって，l' が $\tau[\sigma]$ と $\rho[\sigma]$ を分離する．

この扇 $X[\sigma]$ を既約閉部分集合 $X(\sigma\prec)$ に付随した X の**閉部分扇**という．ここで閉部分扇という言い方をしているが，$X[\sigma]$ の格子点集合は $N[\sigma]$ で，X の格子点集合 N とは異なることに注意が必要である．

2.3 完　備　扇

元 $n \in N$ は，$n \neq 0$ であって $N \cap \boldsymbol{R}n = \boldsymbol{Z}n$ となるとき，すなわち $N_{\boldsymbol{R}}$ において原点と n を結ぶ線分上に原点と n 以外に N の点が存在しないとき**原始的**という．$N = \boldsymbol{Z}^r$ であれば，$(a_1, \ldots, a_r) \in N$ が原始的となるのは $\{a_1, \ldots, a_r\}$ の最大公約数が 1 のときである．N の原始的な元全体を $P(N)$ で表す．

$$\mathrm{ZR}(N) := \{\mathbf{0}\} \cup \{\boldsymbol{R}_0 a\,;\, a \in P(N)\}$$

は $\mathbf{0}$ と $N_{\boldsymbol{R}}$ のすべての 1 次元錐体からなる扇である．これを**普遍ザリスキ・リーマン扇**と呼ぶ．

普遍ザリスキ・リーマン扇は $r = 1$ では射影直線扇に同型である．実際，$N = \boldsymbol{Z}$ であれば $\boldsymbol{Z}$ の原始的元は $1, -1$ の二つであるから $\mathrm{ZR}(N) = \boldsymbol{P}^1$ となる．$r \geqq 2$ の場合は原始的元は無限にあるので $\mathrm{ZR}(N)$ は無限扇となる．

$N_{\boldsymbol{R}}$ の扇 X に対して，X のいずれかの錐体に含まれる 1 次元錐体全体と $\mathbf{0}$ からなる扇を $\mathrm{ZR}(X)$ と書いて，これを X の**ザリスキ・リーマン扇**と呼ぶ．$\mathrm{ZR}(X)$ は $\mathrm{ZR}(N)$ の開部分扇である．

$N_{\boldsymbol{R}}$ の扇 X の**台** $|X|$ を $\bigcup_{\sigma \in X} \sigma$ で定義する．扇 X が**完備扇**であるとは，有限扇であって $|X| = N_{\boldsymbol{R}}$ となることと定義する．

命題 2.3.1　有限扇 X が完備扇となる必要十分条件は $\mathrm{ZR}(X) = \mathrm{ZR}(N)$ となることである．

証明　X が完備扇であれば，任意の 1 次元錐体は X のある錐体に含まれるので，$\mathrm{ZR}(X) = \mathrm{ZR}(N)$ が成り立つ．

X が完備扇でないとする．各 $\sigma \in X$ は命題 1.3.3 により実空間 $N_{\boldsymbol{R}}$ の閉集合であるから，その有限和である $|X|$ も $N_{\boldsymbol{R}}$ の閉集合である．$|X| \neq N_{\boldsymbol{R}}$ とすると，$N_{\boldsymbol{R}}$ の開集合 $N_{\boldsymbol{R}} \setminus |X|$ から有理点 u をとり，1 次元錐体 $\gamma := \boldsymbol{R}_0 u$ を考えれば γ は X のどの錐体にも含まれない．したがって，X が完備でなければ $\mathrm{ZR}(X) = \mathrm{ZR}(N)$ とならない．　証明終わり

これを一般化して次もいえる．

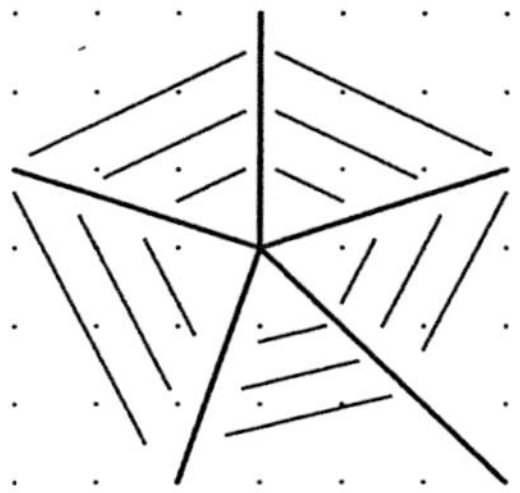

図 **2.4**　2 次元完備扇

命題 2.3.2　$N_{\boldsymbol{R}}$ の有限扇 X, Y について $|X| = |Y|$ であることと $\mathrm{ZR}(X) = \mathrm{ZR}(Y)$ であることは同値である.

証明　$|X| = |Y|$ であれば，$\mathrm{ZR}(X)$ と $\mathrm{ZR}(Y)$ はともにこれに含まれる 1 次元錐体と $\mathbf{0}$ からなるので等しい.

また，有限扇の場合 $|X|$ は閉集合で $\mathrm{ZR}(X)$ に含まれる 1 次元錐体の和集合の閉包に等しく，$|Y|$ も同様であるから，$\mathrm{ZR}(X) = \mathrm{ZR}(Y)$ であれば $|X| = |Y|$ である.　証明終わり

$r \geqq 2$ の場合，無限扇 $\mathrm{ZR}(N)$ の台はすべての 1 次元錐体の和集合で，$N_{\boldsymbol{R}}$ とは一致しない．$\mathrm{ZR}(N)$ と任意の完備扇を比べればわかるように，命題 2.3.2 は有限扇の仮定がなければ成り立たない.

例 2.3.3　N の階数が 1 の場合，すなわち $N = \boldsymbol{Z}$ の場合は，$N_{\boldsymbol{R}}$ の完備扇は射影直線 $\boldsymbol{P}^1$ だけである.

$N = \boldsymbol{Z}^2$ の場合は，$N_{\boldsymbol{R}}$ の完備扇は実平面を有限個の強凸な有理錐体に分割したものであるから，完備扇はいくらでも作ることができる（図 2.4 参照）.

2.4　扇の正則写像

扇は与えられた自由加群 N について $N_{\boldsymbol{R}}$ の中の錐体の集まりとして定義されたが，複数の N についての扇を考えるため，格子点集合が明記されずに扇 X が与えられている場合は，X は自由 $\boldsymbol{Z}$ 加群 $N(X)$ を格子点集合とする $\boldsymbol{R}$

ベクトル空間 $N(X)_{\boldsymbol{R}}$ の扇と考える．

$f=(f_0,\phi):X\to Y$ が扇 X から扇 Y への**正則写像**，あるいは単に写像とは，集合としての扇から扇への写像 $f_0:X\to Y$ とともに，自由加群の準同型 $\phi:N(X)\to N(Y)$ が指定されていて，次の条件を満たすことと定義する．

ϕ を実数体に係数拡大して得られる線形写像を $\phi_{\boldsymbol{R}}:N(X)_{\boldsymbol{R}}\to N(Y)_{\boldsymbol{R}}$ とする．このとき，任意の $\sigma\in X$ について

$$\phi_{\boldsymbol{R}}(\sigma)\subset f_0(\sigma) \tag{2.1}$$

かつ

$$\phi_{\boldsymbol{R}}(\sigma)\cap \mathrm{rel.int}\, f_0(\sigma)\neq\emptyset \tag{2.2}$$

となっている．ここで $f_0(\sigma)$ は Y に属する錐体であることに注意する．

この定義からすぐわかるように，線形写像 $\phi_{\boldsymbol{R}}$ により X の各錐体は Y のある錐体の中に移される．逆に，準同型 $\phi:N(X)\to N(Y)$ から得た $\phi_{\boldsymbol{R}}$ がこのことを満たせば，f_0 を各元 $\sigma\in X$ に $\phi_{\boldsymbol{R}}(\sigma)$ を含む Y の最小の錐体を対応させる写像と定義することにより，組 (f_0,ϕ) として正則写像 $f:X\to Y$ が得られる．特に，錐体の対応 f_0 は加群の準同型 ϕ により一意的に決まる．

扇の正則写像 $f=(f_0,\phi):X\to Y$, $g=(g_0,\psi):Y\to Z$ があった場合，正則写像の合成 $g\cdot f:X\to Z$ は $g\cdot f:=(g_0\cdot f_0,\psi\cdot\phi)$ として自然に定義される．

ϕ が同型となるような写像 $f=(f_0,\phi):X\to Y$ を扇の**双有理正則写像**という．仰々しい名前になっているのは，代数多様体の用語をそのまま用いているからである．双有理正則写像としては，$N(X)=N(Y)$ で ϕ が恒等写像となる場合を考えることが多い．U が X の開部分扇であれば，f_0 を移入写像とし ϕ を恒等写像として，自然な双有理正則写像 $f:U\to X$ が得られる．

ザリスキの主要定理は代数幾何学における重要な定理であるが，証明はかなり難しい．幸いにも扇の代数幾何では次のように簡単に紹介することができる．

補題 2.4.1 $f=(f_0,1_N):X\to Y$ を $N_{\boldsymbol{R}}$ の扇の双有理正則写像とし，τ を Y の元とする．$f_0^{-1}(\tau):=\{\sigma\in X\,;\,f_0(\sigma)=\tau\}$ のある極小元 $\sigma\in X$ が $\dim\sigma=\dim\tau$ を満たせば $f_0^{-1}(\tau)=\{\sigma\}$ で $\sigma=\tau$ である．

証明 $\sigma\subset\tau$ かつ $\dim\sigma=\dim\tau$ であることから，$N(\sigma)_{\boldsymbol{R}}=N(\tau)_{\boldsymbol{R}}$ となる．このベクトル空間を H とおき，通常の実空間の位相を考える．このとき，

rel.int σ と rel.int τ は命題 1.2.14 により H の開集合で，rel.int $\sigma \subset$ rel.int τ の関係がある．一方，σ は H の閉集合で rel.int $\tau \setminus \sigma$ は H の開集合である．σ の真の面 η が rel.int τ と交われば，$f_0(\eta) = \tau$ となり σ の極小性に矛盾する．したがって，

$$(\sigma \setminus \mathrm{rel.int}\,\sigma) \cap \mathrm{rel.int}\,\tau = \emptyset$$

となる．これから

$$\mathrm{rel.int}\,\tau \setminus \sigma = \mathrm{rel.int}\,\tau \setminus \mathrm{rel.int}\,\sigma$$

がわかる．よって

$$\mathrm{rel.int}\,\tau = \mathrm{rel.int}\,\sigma \cup (\mathrm{rel.int}\,\tau \setminus \sigma)$$

と交わらない開集合の和となるが，rel.int σ は空ではなく，rel.int τ は凸集合で連結であるから，rel.int $\tau \setminus \sigma$ は空集合となる．すなわち rel.int $\tau \subset \sigma$ となる．命題 1.2.14 により，σ は rel.int τ の閉包の τ を含むことになるが，$\sigma \subset \tau$ であったので $\sigma = \tau$ となる．

σ 以外の元 $\rho \in X$ が rel.int τ と交われば，$\tau = \sigma \in X$ より σ は ρ の面となり，ρ は τ には含まれない．これから，$f_0^{-1}(\tau) = \{\sigma\}$ もわかる． 証明終わり

次の定理が扇についてのザリスキの主要定理である．

定理 2.4.2 $f = (f_0, 1_N) : X \to Y$ を扇の双有理正則写像とする．$\dim \sigma = \dim f_0(\sigma)$ がすべての $\sigma \in X$ について成り立てば，f は X から Y のある開部分扇への同型である．

証明 $f_0^{-1}(\tau) \neq \emptyset$ となる $\tau \in Y$ を考えると，仮定からどの $\sigma \in f_0^{-1}(\tau)$ についても $\dim \sigma = \dim \tau$ である．したがって，補題 2.4.1 により，$f_0^{-1}(\tau) = \{\tau\}$ となる．これから任意の $\sigma \in X$ は Y に含まれることがわかる．X は扇であるから Y の開部分扇となる． 証明終わり

扇 X から扇 Y への正則写像全体を $\mathcal{M}(X, Y)$ と書く．正則写像 $f = (f_0, \phi) : X \to Y$ は $\phi : N(X) \to N(Y)$ で一意的に決まるので，正則写像を ϕ で代表させることにすれば，$\mathcal{M}(X, Y)$ は $\mathrm{Hom}_{\boldsymbol{Z}}(N(X), N(Y))$ の部分集合と考えることができる．

X と Y がアフィン扇であるときの正則写像にについて考えてみよう．

$X = F(\pi)$, $Y = F(\rho)$ とする．$\phi \in \mathrm{Hom}_{\boldsymbol{Z}}(N(X), N(Y))$ がある正則写像 $f : X \to Y$ を構成する格子点の準同型であれば，定義から $\phi_{\boldsymbol{R}}(\pi) \subset \rho$ となる．逆に，ϕ が $\phi_{\boldsymbol{R}}(\pi) \subset \rho$ を満たせば，任意の $\sigma \in F(\pi)$ について $\phi_{\boldsymbol{R}}(\sigma) \subset \rho$ となる．したがって，X から Y への正則写像全体は

$$\mathcal{M}(X, Y) = \{\phi \in \mathrm{Hom}_{\boldsymbol{Z}}(N(X), N(Y))\,;\, \phi_{\boldsymbol{R}}(\pi) \subset \rho\} \tag{2.3}$$

となる．任意の $\phi, \psi \in \mathcal{M}(X, Y)$ に対して，$(\phi_{\boldsymbol{R}} + \psi_{\boldsymbol{R}})(\pi) \subset \rho$ となるので，$\phi + \psi \in \mathcal{M}(X, Y)$ である．また，0 も $\mathcal{M}(X, Y)$ に含まれるので，$\mathcal{M}(X, Y)$ は $\mathrm{Hom}_{\boldsymbol{Z}}(N(X), N(Y))$ の単位的部分半群となる．

Y をアフィン扇とすると，X が一般の扇としても

$$\mathcal{M}(X, Y) = \bigcap_{\sigma \in X} \mathcal{M}(F(\sigma), Y)$$

となり，これも $\mathrm{Hom}_{\boldsymbol{Z}}(N(X), N(Y))$ の単位的部分半群である．

扇 X からアフィン直線扇 $\boldsymbol{A}^1$ への正則写像を X の**正則指標**と呼ぶ．$N(\boldsymbol{A}^1) = \boldsymbol{Z}$ であるから，X の正則指標全体 $\mathcal{M}(X, \boldsymbol{A}^1)$ は，$N(X)$ の双対加群 $M(X)$ の単位的部分半群となる．$X = F(\pi)$ の場合は，(2.3) により

$$\mathcal{M}(X, \boldsymbol{A}^1) = \{\phi \in M(X)\,;\, \phi_{\boldsymbol{R}}(\pi) \subset \boldsymbol{R}_0\} = M(X) \cap \pi^{\vee} \tag{2.4}$$

となる．特に，トーラス扇 $T = F(\boldsymbol{0})$ の正則指標全体は加群 $M(T)$ である．

$f : X \to Y$ を扇の正則写像とする．$\sigma \in X$ に対して $\rho := f_0(\sigma)$ とおくと，X と Y の閉部分扇の写像

$$f[\sigma] : X[\sigma] \longrightarrow Y[\rho]$$

が引き起こされる．実際，$f = (f_0, \phi)$ とすると，条件 (2.1) から $\phi(N(\sigma)) \subset N(\rho)$ となり，自由 $\boldsymbol{Z}$ 加群の準同型

$$\phi[\sigma] : N(X)/N(\sigma) \longrightarrow N(Y)/N(\rho)$$

が得られる．$\tau \in X(\sigma\prec)$ とすると，$\phi_{\boldsymbol{R}}(\tau)$ を含む Y の最小の錐体 $f_0(\tau)$ は $\phi_{\boldsymbol{R}}(\sigma)$ も含むので，$\rho \prec f_0(\tau)$ がわかる．各 τ について $f[\sigma]_0(\tau[\sigma]) := f_0(\tau)[\rho] \in Y[\rho]$ とすることにより $f[\sigma] = (f[\sigma]_0, \phi[\sigma])$ が定義される．

扇の写像 $f = (f_0, \phi) : X \to Y$ は任意の $\rho \in Y$ について $f_0^{-1}(F(\rho))$ が有限扇であるとき**有限型**という．さらに，$f : X \to Y$ が有限型であって，任意の $\rho \in Y$ について $f_0^{-1}(F(\rho))$ の台が $\phi_{\boldsymbol{R}}^{-1}(\rho)$ に等しいとき，f を**固有写像**という．

有限型写像が固有写像である条件をザリスキ・リーマン扇を用いていうと次のようになる．準同型 $\phi : N(X) \to N(Y)$ とこれから得られる線形写像 $\phi_{\boldsymbol{R}} : N(X)_{\boldsymbol{R}} \to N(Y)_{\boldsymbol{R}}$ によりザリスキ・リーマン扇の写像

$$g = (g_0, \phi) : \mathrm{ZR}(N(X)) \to \mathrm{ZR}(N(Y))$$

が得られる．$\mathrm{ZR}(N(X))$ の開部分扇 $g_0^{-1}(\mathrm{ZR}(Y))$ は $\mathrm{ZR}(X)$ を含むが，これが等しい場合が固有写像である（命題 2.3.2 参照）．

X, Y を $N_{\boldsymbol{R}}$ の扇とする．$N_{\boldsymbol{R}}$ の恒等写像により扇の写像 $X \to Y$ が定まり，これが固有写像となるとき X を Y の**細分**という．

固有写像の定義に戻れば容易にわかるように，X が Y の細分であるのは，X の元である任意の錐体が Y のある錐体に含まれていて，各 $\rho \in Y$ について，これに含まれる X の錐体が有限個でこれらの和集合が ρ に等しくなる場合である．

双有理正則写像 $X \to Y$ が有限型で $|X| = |Y|$ であれば細分である．しかし，次の例のように $|X| = |Y|$ であっても有限型でない場合はあり得る．この場合は固有写像ではないので，扇の細分でもない．

例 2.4.3 $N = \boldsymbol{Z}^2$ とし，$\pi = \boldsymbol{R}_0(1,0) + \boldsymbol{R}_0(0,1)$ とする．各 $i = 0, 1, 2, \ldots$ に対して，$\sigma_i := \boldsymbol{R}_0(1,i) + \boldsymbol{R}_0(1,i+1)$ および $\gamma_i := \boldsymbol{R}_0(1,i)$ と定義する．

$Y = F(\pi)$ とし，

$$X = \{\sigma_i, \gamma_i \, ; i = 0, 1, 2, \ldots\} \cup \{\mathbf{0}, \boldsymbol{R}_0(0,1)\}$$

とすると，X は図 2.5 のような無限扇で $|X| = \pi$ となる．

2.5 正則写像のスタイン分解

まず特殊な扇の正則写像として，断面扇の自然な写像と，格子点集合の拡大の写像について述べる．

X を $N_{\boldsymbol{R}}$ の扇とする．$N_{\boldsymbol{R}}$ の有理部分空間 H に対して，**断面扇** $X|H$ が $N(X|H) := N \cap H$ および

$$X|H := \{\sigma \cap H \, ; \sigma \in X\}$$

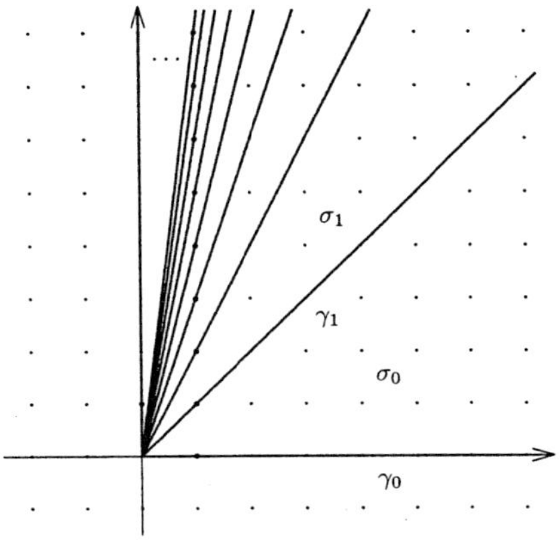

図 **2.5**　無限扇

で定義される．ここで，σ が違っていても $\sigma \cap H$ が等しい場合もあるが，それらは区別しない．

これが扇であることを確認しよう．$X|H$ は明らかに強凸錐体の集合である．$\sigma \cap H$ の面が $X|H$ に属することと，$X|H$ の任意の二つの錐体が分離可能であることを示せばよい．

$\sigma \cap H$ と $\tau \cap H$ を分離する関数は，$\sigma, \tau \in X$ を分離する $N_{\boldsymbol{R}}$ の線形関数を H に制限すれば得られる．

補題 1.2.13 により，$\sigma \cap H$ の面 η には，σ の面 η' で $\eta = \eta' \cap H$ となるものが存在する．したがって，$\eta \in X|H$ である．

$N(X|H)$ は $N = N(X)$ の部分加群であるが，包含写像 $N(X|H) \subset N$ により扇の正則写像 $X|H \to X$ が得られる．実際，$X|H$ の錐体 η には $\eta = \sigma \cap H$ となる最小の $\sigma \in X$ が対応する．

次に格子点集合の取り替えを考える．X を $N_{\boldsymbol{R}}$ の扇とする．N' を N の指数有限の部分加群とすると，X の格子点集合だけを N から N' に取り替えた扇 X' が定義される．すなわち，実空間としては $N_{\boldsymbol{R}} = N'_{\boldsymbol{R}}$ なので，実空間の錐体の集合としては $X' = X$ であるが，格子点集合は $N(X') = N'$ となっているとする．

この場合も，包含写像 $N' \subset N$ を格子点集合の準同型として，扇の正則写像

$X' \to X$ が得られる．錐体 $\sigma \in X'$ には，同じ錐体 $\sigma \in X$ が対応する．

$f = (f_0, \phi) : X \to Y$ を扇の正則写像とする．$N(X)$ の ϕ による像を N' とすると，N' は $N(Y)$ の部分加群であるから，$H := N'_{\boldsymbol{R}}$ は $N(Y)_{\boldsymbol{R}}$ の部分空間となる．Y の断面扇 $Z_2 := Y|H$ を考える．$N(Z_2) = N(Y) \cap H$ であるから，$N(Z_2)$ は N' を指数有限の部分群として含む．Z_2 の格子点集合を N' に置き換えて得られる扇を Z_1 とする．このとき，自然な全射 $\phi' : N(X) \to N'$ により，扇の正則写像 $f' : X \to Z_1$ が得られる．実際，$\sigma \in X$ に対して $\phi_{\boldsymbol{R}}(\sigma)$ を含む $\tau \in Y$ が存在するが，$\tau \cap H$ は Z_1 の元で $\phi'_{\boldsymbol{R}}(\sigma)$ を含んでいる．このようにして，扇の正則写像の列

$$X \xrightarrow{f'} Z_1 \xrightarrow{u} Z_2 \xrightarrow{i} Y \tag{2.5}$$

が得られる．u は格子点集合の取り替え，i は断面扇の自然な写像である．これらの正則写像にともなう格子点集合の写像の列は ϕ の分解になっているので，この三つの正則写像の合成は f に等しい．これを正則写像 f の**スタイン分解**という．

扇の正則写像 $f = (f_0, \phi) : X \to Y$ は ϕ が全射であるとき**既約写像**と呼ぶ．$\operatorname{rank} N(X) - \operatorname{rank} N(Y)$ を既約写像 f の**相対次元**という．スタイン分解により，扇の正則写像は既約写像と格子点集合の拡大と断面扇の自然な正則写像の三つに分解される．このうち格子点集合の拡大と断面扇を考えることは比較的簡単なので，一般の扇の正則写像を考える場合，既約写像の部分を考えることが大事になる．

2.6 ファイバー束

$f = (f_0, \phi) : X \to Y$ を扇の既約写像とする．$f_0^{-1}(\{\mathbf{0}\})$ は $\operatorname{Ker} \phi$ を格子点集合とする $(\operatorname{Ker} \phi)_{\boldsymbol{R}} = \operatorname{Ker} f_{\boldsymbol{R}}$ の扇と考えることができる．この扇を既約写像 f の**生成ファイバー**という．

$f : X \to B$ を既約写像とする．f_0 が全単射で，各 $\sigma \in X$ について錐体の写像

$$\phi_{\boldsymbol{R}}|\sigma : \sigma \to f_0(\sigma)$$

が全単射であるとき，X を B 上の**準トーラス束**と呼ぶ．このとき，生成ファ

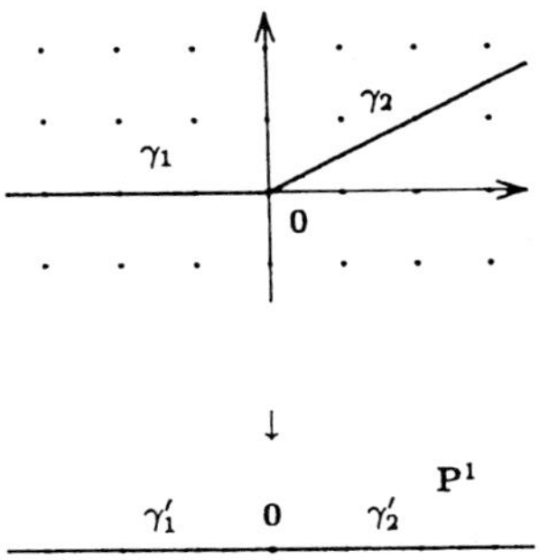

図 **2.6** 準トーラス束

イバーは次元 $\operatorname{rank} N(X) - \operatorname{rank} N(B)$ のトーラス扇となる．

さらに，任意の $\sigma \in X$ について，ϕ を制限して得られる写像 $N(\sigma) \to N(f_0(\sigma))$ が群の同型であるとき，X を B 上の**トーラス束**と呼ぶ．$N(\sigma)$ は $N(X) \cap \sigma$ で生成されていて，$N(f_0(\sigma))$ は $N(B) \cap f_0(\sigma)$ で生成されているので，この条件は ϕ により $N(X) \cap \sigma$ から $N(B) \cap f_0(\sigma)$ への全単射が得られることと同値である．

図 2.6 は準トーラス束の例である．$\boldsymbol{R}^2$ から第 1 成分への射影による正則写像を考える．$\boldsymbol{Z}^2 \cap \gamma_2$ から $\boldsymbol{Z} \cap \gamma'_2$ へは全射でないので，トーラス束にはなっていない．

B を $N_{\boldsymbol{R}}$ の扇とし，d を非負整数とする．$N' := N \oplus \boldsymbol{Z}^d$ とすると，$X := B \times F(\mathbf{0})$ は射影 $N' \to N$ による正則写像 $X \to B$ で相対次元 d のトーラス束となる．これを**自明なトーラス束**という．

B と F を扇とする．$X = F \times B$ とおくと，第 1 射影 $N(B) \oplus N(F) \to N(B)$ から得られる正則写像 $X \to B$ は既約写像で，その生成ファイバーは F である．次に，この直積からの既約写像を第 2 成分の方向に変化させた形となるファイバー束について考える．

扇 X が F をファイバーとし B を基底とする**ファイバー束**であるとは，既約写像 $f = (f_0, \phi) : X \to B$ が与えられていて，次の条件を満たすことと定義する．

(1) f の生成ファイバーは F である．

(2) X は B 上のトーラス束 B' を開部分扇として含み，

$$X = \{\sigma + \tau\,;\sigma \in F, \tau \in B'\}$$

となっている．

自由加群の完全列

$$0 \longrightarrow N(F) \longrightarrow N(X) \xrightarrow{\phi} N(B) \longrightarrow 0$$

が存在するので，等式 $\operatorname{rank} N(X) = \operatorname{rank} N(F) + \operatorname{rank} N(B)$ が成り立ち，$\dim X = \dim F + \dim B$ となる．

特にトーラス扇をファイバーとし B を基底とするファイバー束は B 上のトーラス束にほかならない．

アフィン直線扇をファイバーとするファイバー束を**直線束**という．

ファイバー束の定義のうちで B' をトーラス束としている部分を準トーラス束に条件を弱めた形で X が条件を満たすとき，X を B を基底とする**準ファイバー束**という．特に，アフィン直線扇を生成ファイバーとする準ファイバー束を**準直線束**という．

$f : X \to B$ を $B' \subset X$ を準トーラス束とする準ファイバー束とする．任意の $\rho \in B$ に対して，$\rho' \in B'$ を対応する元とすると，正則写像 $f[\rho'] : X[\rho'] \to B[\rho]$ も $B'[\rho']$ を準トーラス束とする準ファイバー束であることがわかる．これを f の閉部分扇 $B[\rho]$ への**制限**という．ただし，制限で得られた準ファイバー束の生成ファイバーは，格子点集合が $\phi^{-1}(N(\rho))/N(\rho')$ で，元の準ファイバー束の生成ファイバーとは異なっている場合がある．f がファイバー束の場合は，生成ファイバーは元のものと自然に同型である．

$f = (f_0, \phi) : L \to X$ を準直線束とする．$\operatorname{Ker}\phi \simeq \boldsymbol{Z}$ の生成元 $\boldsymbol{e}_0$ を $\boldsymbol{R}_0\boldsymbol{e}_0 \in L$ となるようにとる．また，中への同型 $\psi : N(X) \to N(L)$ を $\phi \cdot \psi = 1_{N(X)}$ となるようにとり，$N := \psi(N(X))$ とおく．これにより，直和分解 $N(L) = N \oplus \boldsymbol{Z}\boldsymbol{e}_0$ が得られる．

準直線束の定義から，相対次元 1 の準トーラス束 $X' \subset L$ が存在して

$$L = X' \cup \{\sigma + \boldsymbol{R}_0\boldsymbol{e}_0\,;\sigma \in X'\}$$

となる．$\phi_{\boldsymbol{R}}$ による写像 $|X'| \to |X|$ は全単射であるから逆写像が存在する．この逆写像は，同型 $\psi_{\boldsymbol{R}} : N(X)_{\boldsymbol{R}} \to N_{\boldsymbol{R}}$ と $|X|$ 上の実数値関数 h により

$$x \mapsto (\psi_{\boldsymbol{R}}(x), h(x)\boldsymbol{e}_0) \in N_{\boldsymbol{R}} \oplus \boldsymbol{R}\boldsymbol{e}_0 = N(L)_{\boldsymbol{R}}$$

と表される．X' の各錐体への $\phi_{\boldsymbol{R}}$ の制限は X の錐体への有理的な線形全単射であるから，h の X の各錐体への制限は有理点で有理数値をとる線形写像である．ここで h が錐体 σ で線形とは，任意の $x, y \in \sigma$ と非負整数 a, b に対して，

$$h(ax + by) = ah(x) + bh(y)$$

となることである．また，L が直線束の場合，$N(X) \cap |X|$ の点は $N(L)$ の点に対応するので，h は $N(X) \cap |X|$ で整数値をとる．

逆に，X を $N_{\boldsymbol{R}}$ の扇として，X の台で定義された関数から X 上の準直線束を作ることもできる．$|X|$ 上の実数値関数 h が X の**支持関数**とは，h が各錐体 $\sigma \in X$ で線形であることと定義する．

h が X の支持関数で，$N \cap |X|$ では有理数値をとるとする．このとき $N' := N \oplus \boldsymbol{Z}$, $N'_{\boldsymbol{R}} := N_{\boldsymbol{R}} \oplus \boldsymbol{R}$ として，$\alpha_h : N_{\boldsymbol{R}} \to N'_{\boldsymbol{R}}$ を $\alpha_h(x) := (x, h(x))$ で定義する．$\boldsymbol{e}_0 := (0, 1) \in N'_{\boldsymbol{R}}$ として，

$$L := \{\alpha_h(\sigma) \,;\, \sigma \in X\} \cup \{\alpha_h(\sigma) + \boldsymbol{R}_0 \boldsymbol{e}_0 \,;\, \sigma \in X\}$$

とおくと L は X 上の準直線束となる．また，h が $N \cap |X|$ で整数値をとるとすると，L が直線束となることも明らかである．

$N_{\boldsymbol{R}}$ の扇 X について，X の支持関数全体を $\mathrm{SF}_{\boldsymbol{R}}(X)$ と書く．$\mathrm{SF}_{\boldsymbol{R}}(X)$ は $\boldsymbol{R}$ ベクトル空間である．$N \cap |X|$ で有理数値をとる $h \in \mathrm{SF}_{\boldsymbol{R}}(X)$ 全体を $\mathrm{SF}_{\boldsymbol{Q}}(X)$ とし，$N \cap |X|$ で整数値をとる $h \in \mathrm{SF}_{\boldsymbol{R}}(X)$ 全体を $\mathrm{SF}(X)$ とする．$\mathrm{SF}(X)$ は加法群で，$\mathrm{SF}_{\boldsymbol{Q}}(X)$ は $\mathrm{SF}(X)$ を含む $\boldsymbol{Q}$ ベクトル空間である．$h \in \mathrm{SF}_{\boldsymbol{Q}}(X)$ に対して上記のように定義される X の準直線束を $\boldsymbol{L}(h)$ と書く．

N の双対加群 M の元 m は $N_{\boldsymbol{R}}$ の線形関数で N で整数値をとるので，m の $|X|$ への制限は $\mathrm{SF}(X)$ の元となる．$|X|$ が $N_{\boldsymbol{R}}$ の真の部分空間に含まれなければ，この対応は M から $\mathrm{SF}(X)$ への単射準同型である．

$p : L_1 \to X$ と $q : L_2 \to X$ を X の準直線束とする．L_1 と L_2 が X の準直線束として**同型**とは，扇の同型 $u : L_1 \to L_2$ で $p = q \cdot u$ となるものが存在することと定義する．

定理 2.6.1　X を $N_{\boldsymbol{R}}$ の扇とする．h_1, h_2 を $\mathrm{SF}_{\boldsymbol{Q}}(X)$ の元とすると，$\boldsymbol{L}(h_1)$ と $\boldsymbol{L}(h_2)$ が同型となるのは，$m \in M$ が存在して，m の $|X|$ への制限が $h_2 - h_1$ に等しくなる場合である．

証明 $u = (u_0, \phi) : \boldsymbol{L}(h_1) \to \boldsymbol{L}(h_2)$ を直線束の同型とする．加群の自己同型 $\phi : N \oplus \boldsymbol{Z} \to N \oplus \boldsymbol{Z}$ は N への射影を保つので，準同型 $m : N \to \boldsymbol{Z}$ が存在して，$\phi((x,a)) = (x, a + m(x))$ となる．このとき，$m \in M$ であって，$h_2 = h_1 + m$ となることがわかる．

逆に $h_2 = h_1 + m$ を満たす $m \in M$ が存在すれば，ϕ をこのように定義して，直線束の同型 $u = (u_0, \phi) : \boldsymbol{L}(h_1) \to \boldsymbol{L}(h_2)$ を構成することができる． 証明終わり

L を $\boldsymbol{P}^1$ 上の準直線束とする．$N(\boldsymbol{P}^1) = \boldsymbol{Z}$ であるから，$\boldsymbol{P}^1$ の支持関数は $\boldsymbol{R}$ 上の関数である．$\boldsymbol{P}^1$ の支持関数 h により，L が $\boldsymbol{L}(h)$ に同型であるとき，L の**次数**を $h(1) + h(-1)$ で定義し $\deg L$ と書く．任意の $m \in M = \boldsymbol{Z}$ について $m(1) + m(-1) = 0$ であるから，$\deg L$ の定義は h の選び方によらない．次数 $\deg L$ は一般には有理数であるが，L が直線束の場合は整数である．

2.7 ブローアップとアンプル準直線束

$N_{\boldsymbol{R}}$ の扇 X が有限であって $|X|$ が凸集合であるとき，これを**凸扇**という．この場合，$X(1) = \{\gamma_1, \ldots, \gamma_s\}$ を X の 1 次元錐体全体として，各 i について $x_i \in N$ により $\gamma_i = \boldsymbol{R}_0 x_i$ とすれば，$|X|$ は $\{x_1, \ldots, x_s\}$ で生成された強凸とは限らない錐体である．

命題 2.7.1 X を $N_{\boldsymbol{R}}$ の凸扇とし，σ を X の任意の元とする．$\phi_{\boldsymbol{R}} : N_{\boldsymbol{R}} \to N[\sigma]_{\boldsymbol{R}}$ を自然な全射線形写像とすると $|X[\sigma]| = \phi_{\boldsymbol{R}}(|X|)$ となる．また，σ が $|X|$ の内部と交われば $X[\sigma]$ は $N[\sigma]_{\boldsymbol{R}}$ の完備扇である．

証明 $\phi_{\boldsymbol{R}}(|X|)$ は $\phi_{\boldsymbol{R}}(\tau)$ の $\tau \in X$ についての和に等しく，$|X[\sigma]|$ は $\phi_{\boldsymbol{R}}(\tau)$ の $\tau \in X(\sigma\prec)$ についての和であるから，$|X[\sigma]| \subset \phi_{\boldsymbol{R}}(|X|)$ は成り立つ．

$$E := \bigcup_{\tau \in X \setminus X(\sigma\prec)} \tau$$

とおく．$\phi_{\boldsymbol{R}}(|X|) = |X[\sigma]| \cup \phi_{\boldsymbol{R}}(E)$ であるから，$\phi_{\boldsymbol{R}}(E) \subset |X[\sigma]|$ を示せば逆の包含関係がわかる．σ の相対内部の点 x を一つとる．y を E の任意の

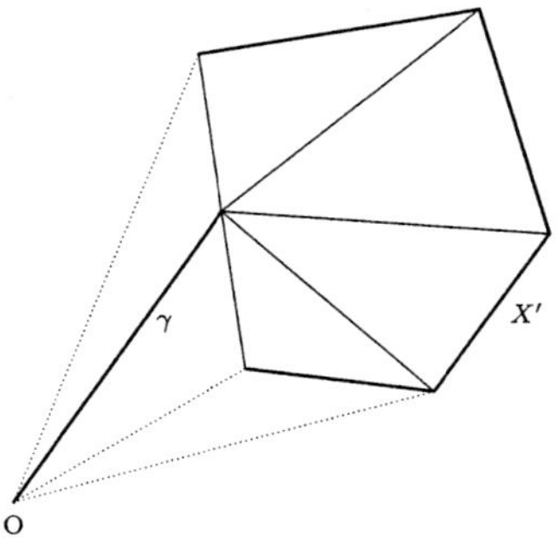

図 2.7　π と $\mathrm{Bl}_\gamma(F(\pi))$ の断面図

点とする．E は x を含まない閉集合であるから，線分 $\overline{xy}$ の x に十分近い点 $z \neq x$ は E に含まれない．一方，$|X|$ は凸集合なので $\overline{xy}$ は $|X|$ に含まれる．したがって，z はある $\tau \in X(\sigma\prec)$ の点である．このとき，$z' := \phi_{\boldsymbol{R}}(z)$ は $\phi_{\boldsymbol{R}}(\tau)$ に含まれる．$\phi_{\boldsymbol{R}}(x) = 0$ より $\phi_{\boldsymbol{R}}(y)$ は z' の正の実数倍であるから，$\phi_{\boldsymbol{R}}(y)$ も錐体 $\phi_{\boldsymbol{R}}(\tau) \subset |X[\sigma]|$ に含まれる．よって $\phi(E) \subset |X[\sigma]|$ であり，$|X[\sigma]| \supset \phi_{\boldsymbol{R}}(|X|)$ も成り立つ．

$\phi_{\boldsymbol{R}}$ は開写像であるから，σ が $|X|$ の内部と交われば $\phi_{\boldsymbol{R}}(|X|)$ は $N[\sigma]_{\boldsymbol{R}}$ の原点を内点として含む．ここで $\phi_{\boldsymbol{R}}(|X|)$ は錐体であるから，$\phi_{\boldsymbol{R}}(|X|) = N[\sigma]_{\boldsymbol{R}}$ となる．したがって，前半の結果から $|X[\sigma]| = N[\sigma]_{\boldsymbol{R}}$ となり，$X[\sigma]$ は完備である．　証明終わり

ここで，アフィン扇のブローアップと呼ばれる細分を導入する．

π を $N'_{\boldsymbol{R}}$ の錐体とし，γ を π に含まれる 1 次元錐体とする．$N := N[\gamma] = N'/N(\gamma)$ とおいて $\phi : N' \to N$ を自然な全射準同型とする．

X' を γ を含まない $F(\pi)$ の元全部からなる $F(\pi)$ の開部分扇とする．ここで錐体の集まり

$$\mathrm{Bl}_\gamma(F(\pi)) := X' \cup \{\sigma + \gamma\,;\, \sigma \in X'\}$$

を考える．π が 3 次元錐体で，γ が π のある側面の相対内部を通る場合，π および $\mathrm{Bl}_\gamma(F(\pi))$ の断面図は図 2.7 のようになる．

命題 2.7.2　$\mathrm{Bl}_\gamma(F(\pi))$ は扇であり $F(\pi)$ の細分である．

このことは直感的に明らかと思えればそれでよいが，念のために形式的な証明も行っておこう．

まず $\mathrm{Bl}_\gamma(F(\pi))$ が扇であることを示そう．これに属するすべての錐体は π に含まれるので強凸である．$\gamma\setminus\{0\}$ の元 x を一つとっておく．

X' は $F(\pi)$ の開部分扇であるから，X' の任意の 2 元は分離可能である．$\sigma\in X'$ に対して，$\sigma+\gamma$ と σ は π の面 σ を定義する線形関数によって分離される．

X' の二元 σ,τ について $\sigma+\gamma$ と τ の分離可能性および，$\sigma+\gamma$ と $\tau+\gamma$ の分離可能性を示すため，l_1 と l_2 をそれぞれ π の面 σ と τ を定める線形関数とする．

x は π の元で σ および τ には含まれないので $l_1(x),l_2(x)>0$ である．実数 $a>0$ を $al_2(x)-l_1(x)>0$ となるようにとり，$l:=al_2-l_1$ とおく．このとき $\sigma+\gamma\subset(l\geqq 0),\tau\subset(l\leqq 0)$ であって，

$$\tau\cap(l=0)=\tau\cap(l_1=0)=\sigma\cap\tau$$

および

$$(\sigma+\gamma)\cap(l=0)=\sigma\cap(l=0)=\sigma\cap(l_2=0)=\sigma\cap\tau$$

となるので，l が $\sigma+\gamma$ と τ を分離していることがわかる．また，$b>0$ を $bl_2(x)-l_1(x)=0$ を満たすようにとれば $l':=bl_2-l_1$ は $\sigma+\gamma$ と $\tau+\gamma$ を分離していることもわかる．したがって $\mathrm{Bl}_\gamma(F(\pi))$ は扇である．

以上により，$\mathrm{Bl}_\gamma(F(\pi))$ は有限扇なので，あとは台が π に等しいことを示せばよい．y を $\pi\setminus\gamma$ に含まれる任意の元とする．$H:=\boldsymbol{R}x+\boldsymbol{R}y$ とおくと $H\cap\pi$ は平面 H の 2 次元強凸錐体である．したがって，命題 1.1.8 (2) により，x',y' が存在して $H\cap\pi=\boldsymbol{R}_0x'+\boldsymbol{R}_0y'$ となる．この錐体は $\boldsymbol{R}_0x'+\boldsymbol{R}_0x$ と $\boldsymbol{R}_0x+\boldsymbol{R}_0y'$ の和となり y はいずれかに含まれるが，どちらでも同じことなので，$y\in\boldsymbol{R}_0x+\boldsymbol{R}_0y'$ と仮定しておく．補題 1.2.13 により，π の面 σ で $H\cap\sigma=\boldsymbol{R}_0y'$ となるものが存在する．このとき $\boldsymbol{R}_0y'\subset\sigma$ であるから，$y\in\sigma+\gamma$ となる．また，$x\notin\sigma$ であるから $\sigma\in X'$ である．よって $\mathrm{Bl}_\gamma(F(\pi))$ の台は π となる．

以上で命題が証明された．

扇 $\mathrm{Bl}_\gamma(F(\pi))$ を $F(\pi)$ の γ を中心とした**ブローアップ**という.「ブローアッ

プ」は爆発とか写真の引き伸ばしという意味の英語である．代数多様体のブローアップでは，低い次元の部分多様体が「爆発」で引き伸ばされて余次元 1 の部分多様体になる．扇のブローアップも本質的に同じであるが，図 2.7 を見れば γ での爆発により錐体 π が分解されたと考えてもよいだろう．

全射線形写像 $\phi : N'_{\boldsymbol{R}} \to N_{\boldsymbol{R}}$ について，$X := \{\phi_{\boldsymbol{R}}(\sigma) \,;\, \sigma \in X'\}$ とおく．$Y := \mathrm{Bl}_\gamma(F(\pi))$ とおけば $X = Y[\gamma]$ であるから，命題 2.7.1 により，X は $N_{\boldsymbol{R}}$ の凸扇で台が $\phi_{\boldsymbol{R}}(\pi)$ となる．さらに，自然な既約写像 $X' \to X$ は階数 1 の準トーラス束で，$\mathrm{Bl}_\gamma(F(\pi))$ は X 上の準直線束となることもわかる．

一般に X を C を台とする $N_{\boldsymbol{R}}$ の凸扇とし，$\overline{N} := N/(N \cap L(C))$ とする．ここで $L(C) := C \cap (-C)$ である．$\psi : N \to \overline{N}$ を自然な全射準同型とすると，命題 1.1.7 (3) により $\rho := \psi_{\boldsymbol{R}}(C)$ は $\overline{N}_{\boldsymbol{R}}$ の強凸な錐体である．これから扇の写像 $X \to F(\rho)$ が得られるが，$\psi^{-1}(\rho) = C$ であるから，これは固有既約写像である．

X を $N_{\boldsymbol{R}}$ の凸扇とする．支持関数 $h \in \mathrm{SF}_{\boldsymbol{R}}(X)$ が**下に凸**とは任意の $x, y \in |X|$ について

$$h(x+y) \leqq h(x) + h(y) \tag{2.6}$$

となることと定義する．さらに，x と y が同じ錐体に含まれないとき常に

$$h(x+y) < h(x) + h(y) \tag{2.7}$$

となるとき h を**下に強凸**という．

命題 2.7.3 N の階数を r とし，X を $N_{\boldsymbol{R}}$ の凸扇で $|X|$ の次元が r とする．$h \in \mathrm{SF}_{\boldsymbol{Q}}(X)$ とし，$\boldsymbol{L}(h)$ をこれに対応する $N'_{\boldsymbol{R}} = (N \oplus \boldsymbol{Z})_{\boldsymbol{R}}$ の準直線扇とする．

(1) h が下に凸となるのは，$|\boldsymbol{L}(h)|$ が凸錐体となる場合である．

(2) h が下に強凸となるのは，$\pi := |\boldsymbol{L}(h)|$ が強凸錐体であって，$\gamma := \{0\} \times \boldsymbol{R}_0$ について $\boldsymbol{L}(h) = \mathrm{Bl}_\gamma(F(\pi))$ となる場合である．

証明 $\alpha_h : |X| \to N'_{\boldsymbol{R}}$ を $\alpha_h(x) := (x, h(x))$ と定義し，各 $\sigma \in X$ に対して $\sigma' := \alpha_h(\sigma)$ とおく．$|\boldsymbol{L}(h)|$ の元はある $\sigma \in X$ についての $\sigma' + \gamma$ に含まれるので，

$$|\boldsymbol{L}(h)| = \{(x, a) \in N_{\boldsymbol{R}} \oplus \boldsymbol{R} \,;\, x \in |X|, a \geqq h(x)\}$$

となる．

(1) h が下に凸とする．任意の $(x,a),(y,b)\in|\boldsymbol{L}(h)|$ と実数 $0\leqq s\leqq 1$ に対して，

$$\begin{aligned}&h((1-s)x+sy)\\&\leqq h((1-s)x)+h(sy)\\&=(1-s)h(x)+sh(y)\\&\leqq(1-s)a+sb\end{aligned}$$

となり，$((1-s)x+sy,(1-s)a+sb)\in|\boldsymbol{L}(h)|$ がわかる．これは $|\boldsymbol{L}(h)|$ が凸であることを示している．

逆に $|\boldsymbol{L}(h)|$ が凸錐体とする．任意の $x,y\in|X|$ に対して，$(x,h(x))$ と $(y,h(y))$ は $|\boldsymbol{L}(h)|$ に含まれるので，$|\boldsymbol{L}(h)|$ の凸性により $(x+y,h(x)+h(y))$ も $|\boldsymbol{L}(h)|$ に含まれる．よって $h(x+y)\leqq h(x)+h(y)$ がわかる．

(2) π が強凸で $\boldsymbol{L}(h)=\mathrm{Bl}_\gamma(F(\pi))$ とする．$\boldsymbol{L}(h)$ の γ を含まない錐体全体は $\{\sigma'\,;\sigma\in X\}$ であるから，これが γ を含まない π の面全体となる．h が下に凸であることは (1) でわかっているので，h が下に強凸でないとすると，同じ錐体に含まれない $|X|$ の点 x,y が存在して，等式

$$h\left(\frac{x+y}{2}\right)=\frac{h(x)+h(y)}{2}$$

が成り立つ．このとき，$N'_{\boldsymbol{R}}$ において $\alpha_h((x+y)/2)$ は $\alpha_h(x)$ と $\alpha_h(y)$ の中点となるが，h の線分 $\overline{xy}$ への制限 $h|\overline{xy}$ も下に凸であるから，そのグラフ $\alpha_h(\overline{xy})$ が π の中の線分となる場合しかあり得ないことがわかる．したがって，線分 $\overline{xy}$ と 2 点以上共有する $\sigma\in X$ をとれば，$\sigma'=\alpha_h(\sigma)$ は π の面だから $\alpha_h(\overline{xy})\subset\sigma'$ となる．しかし，この場合は $x,y\in\sigma$ となり仮定に矛盾する．これで h が下に強凸であることがわかる．

h が下に強凸とする．$\sigma\in X$ を r 次元錐体とし，l_σ を σ で $h=l_\sigma$ となる $N_{\boldsymbol{R}}$ の線形関数とする．$|X|\setminus\sigma$ では $h>l_\sigma$ であることを示したい．σ の内点 x を一つとる．ある $y\in|X|\setminus\sigma$ で $h(y)\leqq l_\sigma(y)$ とすると，h が下に凸であることから，線分 $\overline{xy}$ のすべての点 z で $h(z)\leqq l_\sigma(z)$ となる．$z\in\overline{xy}\cap(|X|\setminus\sigma)$

を σ に十分近い点にとれば，$x+z \in \sigma$ となり，

$$h(x+z)=l_\sigma(x+z)=l_\sigma(x)+l_\sigma(z) \geqq h(x)+h(z)$$

より，h の強凸性に矛盾する．

これにより，$|\boldsymbol{L}(h)|$ の点 (x,a) で $l_\sigma(x)=a$ となるのは σ' の点だけで，他の点では $a>l_\sigma(x)$ となることがわかる．したがって，σ' は線形関数 $l(x,a)=a-l_\sigma(x)$ で定義される $\pi=|\boldsymbol{L}(h)|$ の面である．σ' が強凸なので π も強凸である．凸扇 X の任意の元 η はある r 次元錐体 $\sigma \in X$ の面となっているので，η' は σ' の面であり，γ を含まない π の面となる．$X' := \{\eta' \,;\, \eta \in X\}$ とおく．X' は $F(\pi)$ の開部分扇である．任意の $\sigma' \in X'$ について $\sigma'+\gamma \in \boldsymbol{L}(h)$ はわかっているので，$\boldsymbol{L}(h)$ が $\mathrm{Bl}_\gamma(F(\pi))$ の開部分扇であることがわかり，さらに $|\boldsymbol{L}(h)|=|\,\mathrm{Bl}_\gamma(F(\pi))|=\pi$ であることから $\boldsymbol{L}(h)=\mathrm{Bl}_\gamma(F(\pi))$ となる．　　証明終わり

X を $N_{\boldsymbol{R}}$ の凸扇とする．X 上の準直線束 L がある下に強凸な支持関数 $h \in \mathrm{SF}_{\boldsymbol{Q}}(X)$ による $\boldsymbol{L}(h)$ と同型であるとき，L を**アンプル**な準直線束という．

$|X|$ が r 次元とすると，命題 2.7.3 により，L がアンプルとなるのは，$(N \oplus \boldsymbol{Z})_{\boldsymbol{R}}$ のある r 次元錐体 π とこれに含まれる 1 次元錐体 $\gamma=\boldsymbol{R}_0\boldsymbol{e}_0$ により L が $\mathrm{Bl}_\gamma(F(\pi))$ と同型になる場合である．

容易にわかるように，$\boldsymbol{P}^1$ 上の準直線束 L がアンプルであることと $\deg L$ が正であることは同値である．

次は扇の準直線束についての「中井のアンプル判定法」である．

定理 2.7.4 (中井のアンプル判定法)　X を凸扇とし，$\dim|X|=r$ とする．L を X 上の準直線束とすると次は同値である．

(1) L はアンプルである．

(2) 任意の $\rho \in X(r-1)^\circ$ について $\deg L|X[\rho]$ は正である．ここで，$X(r-1)^\circ$ は $|X|$ の内部と交わる X の $r-1$ 次元の錐体全体である．また $L|X[\rho]$ は L の $X[\rho] \simeq \boldsymbol{P}^1$ への制限である．

証明　分解 $N(L) \simeq N(X) \oplus \boldsymbol{Z}$ を指定して，h を L で定まる X 上の関数とする．

(1) を仮定すると h は下に強凸であるから，任意の $\rho \in X(r-1)^\circ$ の相対内部の点の近傍でも下に強凸である．これは $\deg L|X[\rho]$ が正であることを示す．

(2) を仮定する．

σ を X の r 次元の元として，l_σ を $x \in \sigma$ で $l_\sigma(x) = h(x)$ となる線形関数とする．σ に含まれない任意の $u \in |X|$ について $h(u) > l_\sigma(u)$ となることを示す．$\dim \sigma = r$ であるから，$v \in \sigma$ を十分に一般の点とすれば u と v を結ぶ線分 $\overline{uv}$ は u 以外では X の余次元 2 以上の錐体を通らない．$\overline{uv}$ はその内点で一つ以上の $X(r-1)^\circ$ の錐体を通り，仮定から h は線分 $\overline{uv}$ 上では下に強凸となるので $h(u) > l_\sigma(u)$ がわかる．

x, y を $|X|$ の任意の元とする．σ を $x+y$ を含む r 次元錐体の一つとする．このとき，$h(x) \geqq l_\sigma(x)$ かつ $h(y) \geqq l_\sigma(y)$ であるから，

$$h(x) + h(y) \geqq l_\sigma(x) + l_\sigma(y) = l_\sigma(x+y) = h(x+y)$$

となる．これで h が下に凸であることがわかる．また，x, y が同じ錐体に含まれないとすると，どちらかは σ に含まれないので，等号は成り立たない．したがって，h は下に強凸である． 証明終わり

アンプルな準直線束をもつ完備扇を**射影的扇**という．また，凸扇 X からアフィン扇への固有既約写像 $f : X \to Y = F(\rho)$ が**射影的**とは，X がアンプルな準直線束をもつことと定義する．さらに Y が一般の扇の場合，扇の固有既約写像 $f : X \to Y$ が射影的とは，X の準直線束 L が存在して，各 $\rho \in Y$ について制限 $L|f^{-1}(F(\rho))$ がアンプルとなることと定義する．

X を扇とし γ を $\mathrm{ZR}(X)$ に含まれる 1 次元錐体とする．γ を含む X の最小の錐体が存在するので，それを η とする．$\eta \neq \gamma$ である場合，X から γ を含む扇をつくる操作としてブローアップ $\mathrm{Bl}_\gamma(X)$ が

$$\mathrm{Bl}_\gamma(X) := \bigcup_{\sigma \in X(\eta\prec)} \mathrm{Bl}_\gamma(F(\sigma)) \cup (X \setminus X(\eta\prec))$$

と定義される．

これが X の細分になることについて，簡単に説明しておこう．γ を含む錐体 $\sigma \in X$ に対して，ブローアップ $\mathrm{Bl}_\gamma(F(\sigma))$ はすでに定義した．$\sigma, \tau \in X$ について $\gamma \subset \sigma \prec \tau$ の関係のある場合は，$\mathrm{Bl}_\gamma(F(\sigma))$ は $\mathrm{Bl}_\gamma(F(\tau))$ の開部分扇である．このことから，γ を含むすべての $\sigma \in X$ にについて $\mathrm{Bl}_\gamma(F(\sigma))$ の和

を X_1 とすると，これは $N_{\boldsymbol{R}}$ の扇となる．$\mathrm{Bl}_\gamma(F(\sigma))$ では σ の γ を含まない面はそのまま残っているので，X_1 に X の γ を含まない錐体全部を加えた X' は扇で，X の細分になっている．この扇 X' が上記の $\mathrm{Bl}_\gamma(X)$ である．

なお，$\eta = \gamma$ の場合は $\mathrm{Bl}_\gamma(X) := X$ と定義する．

2.8 扇の重心細分

X を $N_{\boldsymbol{R}}$ の扇とし，Y を X の閉部分集合で $\mathbf{0}$ は含まないとする．各元 $\tau \in Y$ に対して $N \cap \mathrm{rel.int}\,\tau$ に含まれる原始的な元 $a(\tau)$ を指定したとき，扇 X のデータ $(Y, \{a(\tau)\,;\,\tau \in Y\})$ による重心細分 $\mathrm{Sd}(X, Y, \{a(\tau)\,;\,\tau \in Y\})$ を定義する．

p を負でない整数とする．

X の相異なる元の列 $\alpha = (\sigma_0, \sigma_1, \ldots, \sigma_p)$ で

(1) $\sigma_0 \prec \sigma_1 \prec \ldots \prec \sigma_p$,

(2) $\sigma_0 \in X \setminus Y$, $\sigma_1, \ldots, \sigma_p \in Y$

を満たすもの全体を $S_p(X, Y)$ と書く．$p > r = \mathrm{rank}\, N$ に対しては $S_p(X, Y) = \emptyset$ である．すべての $p \geqq 0$ についての $S_p(X, Y)$ の和を $S(X, Y)$ と書く．

$\alpha = (\sigma_0, \sigma_1, \ldots, \sigma_p) \in S_p(X, Y)$ に対して，$N_{\boldsymbol{R}}$ の錐体 $C(\alpha)$ を

$$C(\alpha) := \sigma_0 + \boldsymbol{R}_0 a(\sigma_1) + \cdots + \boldsymbol{R}_0 a(\sigma_p) \tag{2.8}$$

と定義する．$C(\alpha)$ は σ_p に含まれるので強凸錐体である．$p = 0$ の場合は $C(\alpha) = \sigma_0$ となる．

$\alpha = (\sigma_0, \sigma_1, \ldots, \sigma_p)$ とする．各 $0 \leqq i \leqq p$ について，

$$\rho_i := \sigma_0 + \boldsymbol{R}_0 a(\sigma_1) + \cdots + \boldsymbol{R}_0 a(\sigma_i)$$

とおくと，$i = 1, \ldots, p$ について ρ_{i-1} は σ_{i-1} に含まれていて $a(\sigma_i)$ は $\mathrm{rel.int}\,\sigma_i$ の点なので，ρ_i は $N(\sigma_{i-1})_{\boldsymbol{R}}$ に含まれない．したがって，$p+1$ 個の錐体 $\rho_0, \rho_1, \ldots, \rho_p$ は次元が順に 1 ずつ大きくなっていることがわかる．$\rho_0 = \sigma_0$ で $\rho_p = C(\alpha)$ であるから，$\dim C(\alpha) = \dim \sigma_0 + p$ である．これから，$C(\alpha)$ は，$N_{\boldsymbol{R}}$ の中の錐体として，σ_0 と単体的錐体 $\boldsymbol{R}_0 a(\sigma_1) + \cdots + \boldsymbol{R}_0 a(\sigma_p)$ の直積であることがわかる．特に，$C(\alpha)$ の面は，ある面 $\sigma_0' \prec \sigma_0$ と $(\sigma_1, \ldots, \sigma_p)$ のある部分列 $(\sigma_1', \ldots, \sigma_q')$ による列 $\alpha' = (\sigma_0', \sigma_1', \ldots, \sigma_q') \in S_q(X, Y)$ についての

$C(\alpha')$ に等しいこともわかる．

指定された Y と $\{a(\tau)\,;\tau\in Y\}$ について，

$$\mathrm{Sd}(X,Y,\{a(\tau)\,;\tau\in Y\}):=\{C(\alpha)\,;\alpha\in S(X,Y)\}$$

とおく．

定理 2.8.1 $\mathrm{Sd}(X,Y,\{a(\tau)\,;\tau\in Y\})$ は扇で X の細分である．

以下，この定理を示す．扇であることを示すには，錐体の分離可能性を示せばよい．まず，そのための補題を用意する．

補題 2.8.2 σ,τ を $N_{\boldsymbol{R}}$ の錐体とする．l が $N_{\boldsymbol{R}}$ の線形関数で $\sigma\subset(l\geqq 0)$ および $\tau\subset(l\leqq 0)$ を満たすとする．もし，錐体 $\sigma\cap(l=0)$ と $\tau\cap(l=0)$ が分離可能であれば，σ と τ は分離可能である．

証明 $\{x_1,\ldots,x_m\}$ を σ の生成系，$\{y_1,\ldots,y_n\}$ を τ の生成系とし，これらの元のうち超平面 $(l=0)$ に含まれるのは，$\{x_1,\ldots,x_p\}$ および $\{y_1,\ldots,y_q\}$ の各元とする．l_0 を $\sigma\cap(l=0)$ と $\tau\cap(l=0)$ を分離する線形関数とする．$l':=l+\epsilon l_0$ として $\epsilon>0$ を十分小さくとれば，

$$l'(x_1),\ldots,l'(x_p)\geqq 0,\ l'(x_{p+1}),\ldots,l'(x_m)>0$$

および

$$l'(y_1),\ldots,l'(y_q)\leqq 0,\ l'(y_{q+1}),\ldots,l'(y_n)<0$$

となる．これから $\sigma\subset(l'\geqq 0)$ かつ $\tau\subset(l'\leqq 0)$ および，

$$\sigma\cap(l'=0)\subset\sigma\cap(l=0)$$

$$\tau\cap(l'=0)\subset\tau\cap(l=0)$$

がわかる．さらに $(l=0)$ では $l'=\epsilon l_0$ であるから，

$$\sigma\cap(l'=0)=\tau\cap(l'=0)$$

となっていることがわかる．よって l' が σ と τ を分離する． 証明終わり

$\mathrm{Sd}(X,Y,\{a(\tau)\,;\tau\in Y\})$ の錐体の分離可能性を示したい．

二つの列 $\alpha=(\sigma_0,\sigma_1,\ldots,\sigma_p)\in S_p(X,Y)$ と $\beta=(\tau_0,\tau_1,\ldots,\tau_q)\in S_q(X,Y)$ で，$C(\alpha)$ と $C(\beta)$ が分離可能でないものが存在しないことを背理法

で示すため，これらを分離不可能となる α, β のうちで $p+q$ が最小となるものとする．

$p=q=0$ であれば $C(\alpha)=\sigma_0$ および $C(\beta)=\tau_0$ である．しかし，X が扇であることから，これらの錐体は分離可能であり，仮定に矛盾する．

$p+q>0$ と仮定する．

まず，$\sigma_p \neq \tau_q$ とする．これらは扇 X の元であるから，$\sigma_p \subset (l \geqq 0)$, $\tau_q \subset (l \leqq 0)$ かつ $\sigma_p \cap (l=0) = \tau_q \cap (l=0)$ となる線形関数 l が存在する．$\sigma_p \neq \tau_q$ の仮定から，σ_p と τ_q のどちらかは $(l=0)$ に含まれないが，どちらでも同じなので σ_p は $(l=0)$ に含まれないとする．

各 $a(\sigma_i)$ は σ_i の相対内部の点なので，$(l=0)$ が σ_i を含まなければ $l(a(\sigma_i))>0$ である．ある $0 \leqq p' < p$ について $\sigma_{p'} \subset (l=0)$ かつ $\sigma_{p'+1} \not\subset (l=0)$ であれば，

$$a(\sigma_{p'+1}), \ldots, a(\sigma_p) \in (l>0)$$

であり，$C(\alpha) \cap (l=0)$ は $\alpha' = (\sigma_0, \sigma_1, \ldots, \sigma_{p'})$ についての $C(\alpha')$ に等しい．$\sigma_0 \not\subset (l=0)$ の場合は，

$$a(\sigma_1), \ldots, a(\sigma_p) \in (l>0)$$

であり，$C(\alpha) \cap (l=0) = \sigma_0 \cap (l=0) \in X$ となる．$C(\beta) \cap (l=0)$ も，ある $\beta' = (\tau_0, \tau_1, \ldots, \tau_{q'})$ についての $C(\beta')$ であるか $\tau_0 \cap (l=0)$ に等しい．いずれにしても，$p+q$ の最小性から $C(\alpha) \cap (l=0)$ と $C(\beta) \cap (l=0)$ は分離可能となる．したがって，補題 2.8.2 により $C(\alpha)$ と $C(\beta)$ は分離可能となり，仮定に矛盾する．

$\sigma_p = \tau_q$ とする．このとき明らかに $p, q > 0$ である．$x = a(\sigma_p)$ とおく．

$\sigma_{p-1} = \tau_{q-1}$ の場合，

$$\alpha' = (\sigma_0, \sigma_1, \ldots, \sigma_{p-1})$$

$$\beta' = (\tau_0, \tau_1, \ldots, \tau_{q-1})$$

に対して，$C(\alpha')$ と $C(\beta')$ は $N(\sigma_{p-1})_{\boldsymbol{R}}$ に含まれる錐体である．$p+q$ の最小性から $C(\alpha')$ と $C(\beta')$ は分離可能である．これらを分離する $N(\sigma_{p-1})_{\boldsymbol{R}}$ の線形関数 l を $l(x)=0$ となるように $N_{\boldsymbol{R}}$ に拡張すれば，l は $C(\alpha)$ と $C(\beta)$ を分離しており仮定に矛盾する．

最後に，$\sigma_p = \tau_q$ で $\sigma_{p-1} \neq \tau_{q-1}$ とする．σ_{p-1} と τ_{q-1} を分離する線形関数 l で $l(x) = 0$ となるものを次のように構成できる．σ_p の面である σ_{p-1} と τ_{q-1} を定義する線形関数を l_1 と l_2 とする．実数 $c > 0$ を $l_2(x) - cl_1(x) = 0$ となるようにとれば，$l := l_2 - cl_1$ が条件を満たす．このとき，$C(\alpha) \subset (l \geqq 0)$ かつ $C(\beta) \subset (l \leqq 0)$ である．$C(\alpha) \cap (l = 0)$ は $C(\alpha)$ の面で，$\sigma_0 \cap (l = 0)$ と超平面 $(l = 0)$ に含まれる σ_i からなる列 α' についての $C(\alpha')$ に等しい．$C(\beta) \cap (l = 0)$ も同様である．したがって，$p+q$ の最小性により，$C(\alpha) \cap (l = 0)$ と $C(\beta) \cap (l = 0)$ を分離する線形関数がとれるので，補題 2.8.2 により $C(\alpha)$ と $C(\beta)$ は仮定に反して分離可能となる．

以上で $X' := \mathrm{Sd}(X, Y, \{a(\tau)\})$ が扇であることがわかる．

$\alpha = (\sigma_0, \sigma_1, \ldots, \sigma_p)$ に対して，$C(\alpha)$ は σ_p に含まれるので，X' の台は X の台に含まれる．また，任意の $\sigma \in X$ に対して $C(\alpha) \subset \sigma$ となる $\alpha \in S(X, Y)$ は，列の要素がすべて σ の面となるので，有限個である．したがって，X の台が X' の台に含まれることを示せば，X' が X の細分であることがわかる．

x を X の台 $|X|$ に含まれる点とする．x を含む X の最小の錐体を σ とする．σ の面を要素とするある列 $\alpha \in S(X, Y)$ が存在して，x が $C(\alpha)$ に含まれることを，σ の次元についての数学的帰納法で示す．$\sigma \in X \setminus Y$ であれば $\sigma \in X'$ なので，$\sigma \in Y$ と仮定する．

$\boldsymbol{R}_0 a(\sigma) \in X'$ であるから，$x \notin \boldsymbol{R}_0 a(\sigma)$ と仮定する．$\sigma \cap (\boldsymbol{R} a(\sigma) + \boldsymbol{R} x)$ は 2 次元強凸錐体なので，σ の相対内部に含まれない点 $y \in \sigma$ が存在して

$$\boldsymbol{R}_0 x \subset \boldsymbol{R}_0 a(\sigma) + \boldsymbol{R}_0 y$$

となる．$y \notin \mathrm{rel.int}\,\sigma$ であるから，y を含む X の最小の錐体 σ' は σ の真の面である．したがって，帰納法の仮定により σ' の面を要素とする列 $\alpha' = (\sigma_0, \sigma_1, \ldots, \sigma_p) \in S(X, Y)$ が存在して $y \in C(\alpha')$ となる．よって，$\alpha = (\sigma_0, \sigma_1, \ldots, \sigma_p, \sigma)$ とおけば，

$$x \in \boldsymbol{R}_0 a(\sigma) + \boldsymbol{R}_0 y \subset C(\alpha)$$

となる．

以上で $|X'| = |X|$ がわかり，X' は X の細分となる．これで定理が示された．

錐体の場合は特に重心があるわけではないが，この

$$X' = \mathrm{Sd}(X, Y, \{a(\sigma)\ ;\ \sigma \in Y\})$$

を X の重心データ $(Y, \{a(\sigma)\ ;\ \sigma \in Y\})$ による**重心細分**と呼ぶ．

この重心細分は次の意味で局所的な操作である．

命題 2.8.3　X を $N_{\boldsymbol{R}}$ の扇とし，X_1 をその開部分扇とする．任意の重心データ $(Y, \{a(\sigma)\ ;\ \sigma \in Y\})$ について，X_1 の重心細分

$$X_1' = \mathrm{Sd}(X_1, Y \cap X_1, \{a(\sigma)\ ;\ \sigma \in Y \cap X_1\})$$

は，$X' = \mathrm{Sd}(X, Y, \{a(\sigma)\ ;\ \sigma \in Y\})$ の開部分扇で，台は $|X_1|$ に等しい．

証明　X_1 での列 $\alpha = (\sigma_0, \sigma_1, \ldots, \sigma_p) \in S(X_1, Y \cap X_1)$ についての $C(\alpha)$ は，α を $S(X, Y)$ の元と考えても同じ錐体となる．したがって，X_1' は X' の開部分扇である．定理 2.8.1 により X_1' は X_1 の細分であるから $|X_1'| = |X_1|$ となる．　証明終わり

2.9　特異点の解消

X を $N_{\boldsymbol{R}}$ の扇とする．X の細分 X' が非特異扇（2.1 節参照）であるとき，X' を X の**非特異化**という．有限扇は有限回の重心細分により非特異化が構成できることを示したい．

要素がすべて単体的錐体である扇を**単体的扇**という．まず，任意の扇を単体的扇に細分することを考える．

命題 2.9.1　X を $N_{\boldsymbol{R}}$ の扇とする．Y を X の $\mathbf{0}$ を含まない閉部分集合で $X \setminus Y$ の元はすべて単体的とする．各 $\sigma \in Y$ に対して，$a(\sigma)$ を $N \cap \mathrm{rel.int}\,\sigma$ に含まれる任意の原始的な元とすると，$(Y, \{a(\sigma)\ ;\ \sigma \in Y\})$ を重心データとする X の重心細分 $\mathrm{Sd}(X, Y, \{a(\sigma)\ ;\ \sigma \in Y\})$ は単体的扇となる．

証明　$\mathrm{Sd}(X, Y, \{a_\sigma\ ;\ \sigma \in Y\})$ の元 ρ は，ある列 $\alpha = (\sigma_0, \sigma_1, \ldots, \sigma_p) \in S(X, Y)$ により

$$\rho = C(\alpha) = \sigma_0 + \boldsymbol{R}_0 a(\sigma_1) + \cdots + \boldsymbol{R}_0 \sigma(a_p)$$

となる．前節で注意したように，$\dim\rho = \dim\sigma_0 + p$ である．$\dim\sigma_0 = q$ とすると，$\sigma_0 \in X \setminus Y$ は単体的なので q 個の元で生成される．したがって，ρ は $p+q$ 個の元で生成されるが，次元が $p+q$ であるから単体的である． 証明終わり

この命題により，任意の扇 X は，Y を X の単体的でない元全体にとることにより，1 回の重心細分で単体的扇にできることがわかる．以下では X を $N_{\boldsymbol{R}}$ の単体的有限扇とする．単体的錐体の生成系としては，常に原始的元による極小な生成系をとる．

d 次元の単体的錐体 σ の**指数** $e(\sigma)$ を，その生成系 $\{x_1, \ldots, x_d\}$ による $N(\sigma)$ の部分加群 $(x_1, \ldots, x_d)_{\boldsymbol{Z}} := \boldsymbol{Z}x_1 + \cdots + \boldsymbol{Z}x_d$ の指数，すなわち

$$e(\sigma) := [N(\sigma) : (x_1, \ldots, x_d)_{\boldsymbol{Z}}]$$

と定義する．σ が非特異錐体であることは $e(\sigma) = 1$ と同値である．

補題 2.9.2 τ が $N_{\boldsymbol{R}}$ の単体的錐体で，σ を τ の面とすると，$e(\tau)$ は $e(\sigma)$ の倍数である．特に $e(\sigma) \leqq e(\tau)$ となる．

証明 $\dim\tau - \dim\sigma = 1$ の場合に証明すれば十分である．$\{x_1, \ldots, x_d\}$ を τ の生成系とし，$\{x_1, \ldots, x_{d-1}\}$ を σ の生成系とする．加群の同型 $\phi : N(\tau)/N(\sigma) \to \boldsymbol{Z}$ を $\phi(x_d) > 0$ となるようにとる．このとき，完全列

$$\begin{aligned} 0 \longrightarrow N(\sigma)/(x_1, \ldots, x_{d-1})_{\boldsymbol{Z}} &\longrightarrow N(\tau)/(x_1, \ldots, x_d)_{\boldsymbol{Z}} \\ &\longrightarrow \boldsymbol{Z}/(\phi(x_d)) \longrightarrow 0 \end{aligned} \tag{2.9}$$

が存在するので，$e(\tau) = \phi(x_d)e(\sigma)$ となる． 証明終わり

σ を非特異でない単体的錐体とするとき，$a(\sigma)$ は次のように選ぶ．$\{x_1, \ldots, x_d\}$ を σ の生成系とする．σ は非特異ではないので $e(\sigma) > 1$ となる．$N(\sigma)_{\boldsymbol{R}}$ の部分集合

$$P := \{a_1x_1 + \cdots + a_dx_d \,;\, 0 < a_1, \ldots, a_d \leqq 1\}$$

は，群 $\boldsymbol{Z}x_1 + \cdots + \boldsymbol{Z}x_d$ の $N(\sigma)_{\boldsymbol{R}}$ への平行移動による作用の基本領域であるから，$N(\sigma) \cap P$ は $e(\sigma)$ 個の点を含む．係数を全部 1 にした $x_1 + \cdots + x_d$ は $N(\sigma) \cap P$ の点であるが，$e(\sigma) > 1$ であるから，$N(\sigma) \cap P$ にはこれ以外の点がある．その一つを $a(\sigma)$ として選ぶ．

なお，具体例について効率的に非特異化を行うためには，なるべく小さい係数をもつものを $a(\sigma)$ として選ぶべきである．

補題 2.9.3 X を非特異でない $N_{\boldsymbol{R}}$ の単体的有限扇とする．$Y = \{\sigma \in X\,;\, e(\sigma) > 1\}$ とすると，重心データ $(Y, \{a(\sigma)\,;\, \sigma \in Y\})$ を上記のようにとれば，重心細分 $X' := \mathrm{Sd}(X, Y, \{a(\sigma)\,;\, \sigma \in Y\})$ は

$$\max\{e(\sigma')\,;\, \sigma' \in X')\} < \max\{e(\sigma)\,;\, \sigma \in X)\}$$

を満たす．

証明 この重心データ $(Y, \{a(\sigma)\,;\, \sigma \in Y\})$ が補題を満たすことを，$d = \max\{\dim\sigma\,;\, \sigma \in X\}$ についての数学的帰納法で示したい．d が 1 以下であれば X は非特異である．$d > 1$ として，錐体の最大次元がこれより低い場合は補題が正しいとする．

命題 2.8.3 によって，X がその開部分扇の有限和 $X_1 \cup \cdots \cup X_n$ となっている場合，各 X_i の重心データ $(Y \cap X_i, \{a(\sigma)\,;\, \sigma \in Y \cap X_i\})$ による重心細分が補題を満たすことを示せば，X 全体でも補題が成立する．したがって，X が単体的アフィン扇の場合に補題を示せばよい．

$X = F(\pi)$ とする．重心細分によって得られる扇の錐体は，$F(\pi)$ の錐体の増大列 $\alpha = (\sigma_0, \sigma_1, \ldots, \sigma_p)$ による $C(\alpha)$ である．補題 2.9.2 により，列を長くすると指数は変わらないか増えるかなので，列の長さを最大に伸ばして，$\dim C(\alpha) = d$ の場合に $e(C(\alpha)) < e(\pi)$ であることを示せばよい．この場合は $\sigma_p = \pi$ である．

$\alpha' = (\sigma_0, \sigma_1, \ldots, \sigma_{p-1})$ とおくと，$C(\alpha) = C(\alpha') + \boldsymbol{R}_0 a(\pi)$ となる．$\{x_1, \ldots, x_d\}$ を π の生成系とし，$\{x_1, \ldots, x_{d-1}\}$ を σ_{p-1} の生成系とする．

$$a(\pi) = a_1 x_1 + \cdots + a_d x_d$$

と書けば，$a(\pi)$ の選び方から，各 i について $0 < a_i \leqq 1$ で，少なくとも一つの a_i は 1 でない．

同型 $\phi : N(\pi)/N(\sigma_{p-1}) \to \boldsymbol{Z}$ を $\phi(x_d) > 0$ となるようにとれば，(2.9) と同様の完全列

$$0 \longrightarrow N(\sigma_{p-1})/(x_1, \ldots, x_{d-1})_{\boldsymbol{Z}} \longrightarrow N(\pi)/(x_1, \ldots, x_d)_{\boldsymbol{Z}} \quad (2.10)$$

$$\longrightarrow \boldsymbol{Z}/(\phi(x_d)) \longrightarrow 0$$

により $e(\pi) = \phi(x_d)e(\sigma_{p-1})$ を得る．

また，d 次元錐体 $C(\alpha)$ の生成系 $\{y_1, \ldots, y_d\}$ を $y_d = a(\pi)$ となるようにとる．当然，$\{y_1, \ldots, y_{d-1}\}$ が $C(\alpha')$ の生成系となる．$N(C(\alpha)) = N(\pi)$ および $N(C(\alpha')) = N(\sigma_{p-1})$ に注意すれば，$C(\alpha)$ と $C(\alpha')$ についての (2.9) と同様の完全列

$$0 \longrightarrow N(\sigma_{p-1})/(y_1, \ldots, y_{d-1})_{\boldsymbol{Z}} \longrightarrow N(\pi)/(y_1, \ldots, y_d)_{\boldsymbol{Z}} \qquad (2.11)$$
$$\longrightarrow \boldsymbol{Z}/(\phi(a(\pi))) \longrightarrow 0$$

が得られる．これから $e(C(\alpha)) = \phi(a(\pi))e(C(\alpha'))$ もわかる．

$\sigma_{p-1} \neq \sigma_0$ の場合は帰納法の仮定から $e(C(\alpha')) < e(\sigma_{p-1})$ である．さらに，$a(\pi)$ の選び方から

$$\phi(a(\pi)) = a_d\phi(x_d) \leqq \phi(x_d)$$

であるので，$e(C(\alpha)) < e(\pi)$ となる．

$\sigma_{p-1} = \sigma_0$ の場合は，$C(\alpha')$ も σ_0 に等しく，$e(\sigma_{p-1}) = e(C(\alpha')) = 1$ である．一方，このとき a_d は 1 にはならない．実際，もし $a_d = 1$ であれば

$$a(\pi) - x_d = a_1x_1 + \cdots + a_{d-1}x_{d-1}$$

は $N(\sigma_0)$ の元となるが，ある i について $0 < a_i < 1$ なので σ_0 が非特異錐体であることに反する．したがって，$\phi(a(\pi)) < \phi(x_d)$ となり，この場合も $e(C(\alpha)) < e(\pi)$ となる． 証明終わり

定理 2.9.4 X を $N_{\boldsymbol{R}}$ の有限扇とすると，非特異でない錐体全体を中心とする重心細分の有限回の繰り返しにより X を非特異化できる．

証明 まず，命題 2.9.1 により，1 回の重心細分で単体的扇 X_1 にできる．以下，帰納的に X_i の重心細分を X_{i+1} とする．このとき，$\sigma \in X_{i+1}$ についての $e(\sigma)$ の最大値は X_i のそれより減少することが，補題 2.9.3 からわかる．この数値は正の整数であるから有限回の操作で 1 となる．このとき得られた扇 X_n は X の細分で非特異である． 証明終わり

重心細分とブローアップの関係についても述べておこう．

X を扇として，その台に含まれる 1 次元錐体 γ を中心としたブローアップ $\mathrm{Bl}_\gamma(X)$ を考える．γ を含む X の最小の錐体 σ が X の極大元の場合，$a(\sigma)$ を γ の原始的な生成元と定めれば，$\mathrm{Bl}_\gamma(X)$ は重心細分 $\mathrm{Sd}(X, \{\sigma\}, \{a(\sigma)\})$ と同じものである．

ここでは証明は行わないが，$(Y, \{a(\sigma)\,;\, \sigma \in Y\})$ を中心データとする重心細分 $\mathrm{Sd}(X, Y, \{a(\sigma)\,;\, \sigma \in Y\})$ は，$\boldsymbol{R}_0 a(\sigma)$ を中心としたブローアップを，Y に含まれる次元の高い σ から順に，Y の全部の元について行って得られる X の細分と同じものである．次元の同じ錐体についてはブローアップの順序は問わない．

X を $N_{\boldsymbol{R}}$ の非特異扇とする．σ を X の錐体とすると，σ は非特異であるから，ある基底の部分集合 $\{u_1, \ldots, u_d\}$ により $\sigma = \boldsymbol{R}_0 u_1 + \cdots + \boldsymbol{R}_0 u_d$ となる．γ を $u_1 + \cdots + u_d$ で生成される 1 次元錐体とする．γ は σ の相対内部を通る錐体となる．

非特異扇 X の $\sigma \in X$ におけるブローアップと言った場合は，この γ を中心にした X のブローアップ $\mathrm{Bl}_\gamma(X)$ を表すものとする．

命題 2.9.5 X を非特異扇とすると，任意の $\sigma \in X$ について X の σ におけるブローアップは非特異扇である．

証明 X がアフィン扇の場合に証明すれば十分である．$X = F(\pi)$ で $\{x_1, \ldots, x_s\}$ が π の生成系で，σ はある $2 \leqq d \leqq s$ について $\{x_1, \ldots, x_d\}$ で生成されているとする．このとき σ におけるブローアップ X' は，$\{x_1, \ldots, x_d\}$ 全体を含まない $\{x_1, \ldots, x_s\}$ の部分集合と $x_1 + \cdots + x_d$ で生成された錐体からなる．容易にわかるように，これらは非特異錐体である． 証明終わり

2.10 扇の因子

代数多様体の理論では，代数多様体の構造を調べ分類を行うために，その因子や因子類群が重要な役割を果たす．代数多様体の因子とは，余次元 1 の部分多様体の整数係数の和のことである．扇についても，代数多様体と同様に因子を定義することができる．

X を $N_{\boldsymbol{R}}$ の扇とする．X の 1 次元の錐体全体を $X(1)$ と書く．各 $\gamma \in X(1)$ に対して，$D_\gamma := X[\gamma]$ は X の余次元 1 の閉部分扇である．このような D_γ の整係数の和

$$D = \sum_{\gamma \in X(1)} a_\gamma D_\gamma$$

を X の**因子**と呼ぶ．X が無限扇の場合は，この和は無限和でもよい．X の二つの因子は，すべての $\gamma \in X(1)$ について係数が等しいとき同一と考える．

X' を X の開部分扇とするとき，この D の X' への制限 $D|X'$ を

$$D|X' := \sum_{\gamma \in X'(1)} a_\gamma X'[\gamma]$$

で定義する．

代数幾何学において，正規代数多様体の因子について使われているいくつかの言葉を，扇の因子 D の場合に置き換えて紹介する．

すべての $\gamma \in X(1)$ について $a_\gamma \geqq 0$ であるとき，D を**イフェクティブ**な因子といい $D \geqq 0$ と書く．

指標 $m \in M$ に対して**主因子** $\boldsymbol{D}(X, m)$ または単に $\boldsymbol{D}(m)$ が，X の因子として

$$\boldsymbol{D}(m) := \sum_{\gamma \in X(1)} \langle m, n_\gamma \rangle D_\gamma$$

で定義される．ここで n_γ は 1 次元錐体 γ を生成する原始的な N の元である．n_γ は γ に対して一意的に決まる．

因子 D が**カルチエ因子**とは，任意のアフィン開部分扇 $F(\sigma) \subset X$ について $m \in M$ が存在して $\boldsymbol{D}(m)|F(\sigma) = D|F(\sigma)$ となることと定義する．

二つの因子 D_1 と D_2 が**線形同値**とは，$m \in M$ が存在して $D_2 = D_1 + \boldsymbol{D}(m)$ となることと定義する．

因子 D について**完備線形系** $|D|$ を D と線形同値でイフェクティブな因子全体，すなわち

$$|D| = \{E\,;\, E \geqq 0, E = D + \boldsymbol{D}(m), \exists m \in M\}$$

と定義する．

$D = \sum_{\gamma \in X(1)} a_\gamma D_\gamma$ をイフェクティブな因子とするとき，$a_\gamma > 0$ となる γ についての $X(\gamma\prec)$ の和集合を，D の**台**といい，$\mathrm{supp}(D)$ と書く．D の台は

X の閉部分集合である．

完備線形系 $|D|$ のすべてのメンバー D' についての，$\mathrm{supp}(D')$ の共通部分 $B(|D|)$ を，この完備線形系の**固定点集合**という．$B(|D|)$ は X の閉部分集合である．

扇 X の因子全体のなす自由加群を $\mathrm{Div}(X)$ と書く．対応 $m \mapsto \boldsymbol{D}(m)$ は M から $\mathrm{Div}(X)$ への準同型である．$\boldsymbol{D}(m) = 0$ となるのは，$N_{\boldsymbol{R}}$ の超平面 $(m = 0)$ が X のすべての錐体を含む場合である．したがって，X の台 $|X|$ が $N_{\boldsymbol{R}}$ の超平面に含まれなければ，上記の M から $\mathrm{Div}(X)$ への対応は単射である．

X を台が $N_{\boldsymbol{R}}$ の超平面に含まれない扇とする．$D = \sum_{\gamma \in X(1)} a_\gamma D_\gamma$ を X の因子とすると，完備線形系 $|D|$ の元は $D + \boldsymbol{D}(m) \geqq 0$ となる $m \in M$ 全体 $S(D)_X$ と一対一に対応する．この $S(D)_X$ は，D の係数を使って

$$S(D)_X = \{m \in M\ ; \langle m, n_\gamma \rangle + a_\gamma \geqq 0, \forall \gamma \in X(1)\}$$

と表すことができる．

補題 2.10.1　$x_1, \ldots, x_s$ を N の元とし，0 でない任意の $m \in M$ に対して，ある i が存在して $\langle m, x_i \rangle < 0$ となるとする．このとき，任意の整数 $a_1, \ldots, a_s$ について，M の部分集合

$$S := \{m \in M\ ; \langle m, x_i \rangle + a_i \geqq 0, i = 1, \ldots, s\}$$

は有限集合である．

証明　$N' = N \oplus \boldsymbol{Z}$ とおき，$\{(x_1, a_1), \ldots, (x_s, a_s)\}$ で生成される $N'_{\boldsymbol{R}}$ の錐体を E とする．$p : N'_{\boldsymbol{R}} \to N_{\boldsymbol{R}}$ を第 1 成分を対応させる全射線形写像とする．$p(E)$ は明らかに $\{x_1, \ldots, x_s\}$ で生成される $N_{\boldsymbol{R}}$ の錐体である．$p(E)$ の双対錐体 $p(E)^\vee \subset M_{\boldsymbol{R}}$ を考えると，条件から $M \cap p(E)^\vee = \{0\}$ となる．$p(E)^\vee$ は有理錐体であるから $p(E)^\vee = \{0\}$，すなわち $p(E) = N_{\boldsymbol{R}}$ となる．

$M' = M \oplus \boldsymbol{Z}$ とおく．$(y, b) \in M'_{\boldsymbol{R}}$ と $(x, a) \in N'_{\boldsymbol{R}}$ に対して

$$\langle (y, b), (x, a) \rangle = \langle y, x \rangle + ba$$

と定義すれば，この双線形写像により M' は N' の双対加群となる．

$m \in M$ について

$$m \in S \Longleftrightarrow \langle m, x_i \rangle + a_i \geqq 0, \forall i$$

$$\Longleftrightarrow \langle (m,1),(x_i,a_i)\rangle \geqq 0, \forall i$$
$$\Longleftrightarrow (m,1)\in E^\vee$$

であるから，$(M_{\boldsymbol{R}}\times\{1\})\cap E^\vee$ の有界性を示せば $S\subset M$ の有限性がわかる．

$M_{\boldsymbol{R}}$ を $M'_{\boldsymbol{R}}$ の部分空間 $M_{\boldsymbol{R}}\times\{0\}$ と同一視する．このとき，埋め込み $M_{\boldsymbol{R}}\hookrightarrow M'_{\boldsymbol{R}}$ は射影 $p: N'_{\boldsymbol{R}}\to N_{\boldsymbol{R}}$ の双対写像であるから，$M_{\boldsymbol{R}}$ の元 y について

$$\begin{aligned} y\in E^\vee\cap M_{\boldsymbol{R}} &\Longleftrightarrow \langle y,x'\rangle \geqq 0, \forall x'\in E \\ &\Longleftrightarrow \langle y,p(x')\rangle \geqq 0, \forall x'\in E \\ &\Longleftrightarrow \langle y,x\rangle \geqq 0, \forall x\in p(E) \end{aligned}$$

となる．ところが $p(E)=N_{\boldsymbol{R}}$ であったから，$E^\vee\cap M_{\boldsymbol{R}}=\{0\}$ がわかる．

このような $M'_{\boldsymbol{R}}$ の錐体 $E^\vee$ は，容易にわかるように

(1) $E^\vee\setminus\{0\}\subset M_{\boldsymbol{R}}\times \boldsymbol{R}_+$,

(2) $E^\vee\setminus\{0\}\subset M_{\boldsymbol{R}}\times(-\boldsymbol{R}_+)$,

(3) $E^\vee$ は $M_{\boldsymbol{R}}$ に含まれない $M'_{\boldsymbol{R}}$ の直線,

のいずれかを満たす．ここで $\boldsymbol{R}_+ := \{c\in\boldsymbol{R}\,;\, c>0\}$ である．これらいずれの場合も $(M_{\boldsymbol{R}}\times\{1\})\cap E^\vee$ は空集合であるか有界な集合となる．したがって S は有限集合である． 証明終わり

命題 2.10.2 X が $N_{\boldsymbol{R}}$ の扇で，任意の 0 でない $m\in M$ について，ある $\gamma\in X(1)$ があって $\langle m,n_\gamma\rangle<0$ となるとする．このとき，任意の因子 D について完備線形系 $|D|$ は有限集合である．特に，X が完備扇であれば $|D|$ は有限集合である．

証明 $\{n_\gamma\,;\,\gamma\in X(1)\}$ が補題 2.10.1 の条件を満たすので，この補題により $S(D)_X$ は有限集合である．したがって，これと一対一に対応する $|D|$ も有限である．

ある m について $\langle m,n_\gamma\rangle<0$ となる $\gamma\in X(1)$ が存在しなければ，X の台は半空間 $(m\geqq 0)$ に含まれ，X は完備扇とならない．したがって，任意の完備扇は前半に与えた条件を満たす． 証明終わり

$f = (f_0, \phi) : L \to X$ を直線束とし，$N := N(X)$, $N' := N(L)$ とおく．このとき，完全列

$$0 \longrightarrow \boldsymbol{Z} \xrightarrow{q} N' \xrightarrow{\phi} N \longrightarrow 0$$

が存在する．同型 $q : \boldsymbol{Z} \simeq \operatorname{Ker}\phi$ は $\{\boldsymbol{R}_0 q(1), \boldsymbol{0}\}$ がこの直線束の生成ファイバーとなるようにとる．N と N' の双対加群をそれぞれ M と M' とすると，全射準同型 $\phi : N' \to N$ に対応して，M は M' の部分加群となる．自然な双線形写像 $\langle\ ,\ \rangle : M' \times N' \to \boldsymbol{Z}$ について，$M = \{m \in M' \,;\, \langle m, q(1)\rangle = 0\}$ となっている．

$$M(1) := \{m \in M' \,;\, \langle m, q(1)\rangle = 1\}$$

とおく．m_0 を $M(1)$ の任意の元とすると，明らかに $M(1) = m_0 + M$ である．

各 1 次元錐体 $\gamma \in X$ に対して，L の 1 次元錐体 γ' で $f_0(\gamma') = \gamma$ となるものが一意的に存在する．$n_{\gamma'} \in N$ を γ' の原始的な生成元とする．このとき，L は直線束であるから，$n_\gamma := \phi(n'_\gamma)$ は γ の原始的な生成元である．

$m \in M(1)$ に対して X の因子 $(m)_L$ が

$$(m)_L := \sum_{\gamma \in X} \langle m, n_{\gamma'}\rangle D_\gamma$$

で定義される．

命題 2.10.3　任意の $m \in M(1)$ に対して $(m)_L$ は X のカルチエ因子である．また，任意の $m, m' \in M(1)$ に対して，$(m)_L$ と $(m')_L$ は線形同値である．

証明　$\sigma \in X$ とする．L は直線束であるから，$\sigma' \in L$ が存在して，$\phi_{\boldsymbol{R}}(\sigma') = \sigma$ かつ $\phi(N(\sigma')) = N(\sigma)$ となる．$N(\sigma')$ を含む N' の部分加群 N_1 で $N' = \operatorname{Ker}\phi \oplus N_1$ となるものが存在する．ここで，$m_0 \in M'$ を N_1 で 0 となり，$q(1)$ で 1 となるようにとる．そうすれば，$m_0 \in M(1)$ であるから，$m \in M(1)$ であれば $m - m_0 \in M$ となる．σ' の任意の 1 次元面 γ' について，$\langle m_0, n_{\gamma'}\rangle = 0$ および $\phi(n_{\gamma'}) = n_\gamma$ であることから

$$\langle m, n_{\gamma'}\rangle = \langle m - m_0, n_{\gamma'}\rangle = \langle m - m_0, n_\gamma\rangle$$

となるので，$D|F(\sigma) = \boldsymbol{D}(m - m_0)|F(\sigma)$ が成り立つ．したがって，D はカルチエ因子である．

また，$m, m' \in M(1)$ に対して，$m - m' \in M$ であるから

$$\begin{aligned}(m)_L - (m')_L &= \sum_{\gamma\in X(1)} \langle m - m', n_{\gamma'}\rangle D_\gamma \\ &= \sum_{\gamma\in X(1)} \langle m - m', n_{\gamma}\rangle D_\gamma \\ &= \boldsymbol{D}(m - m')\end{aligned}$$

となり，$(m)_L$ と $(m')_L$ は線形同値である．　証明終わり

2.11　分数イデアルの連接系

π を $N_{\boldsymbol{R}}$ の錐体とする．

$S_\pi := M \cap \pi^\vee$ とおく．S_π はアフィン扇 $F(\pi)$ の正則指標全体からなる可換半群である．

E が M の空でない部分集合で，有限個の元 $m_1, \ldots, m_s \in E$ を適当にとると

$$E = (m_1 + S_\pi) \cup \cdots \cup (m_s + S_\pi) \tag{2.12}$$

となるとき，E を S_π の**分数イデアル**という．ここで，E は S_π に含まれるとは限らないことに注意が必要である．

S_π の部分集合 E が S_π 安定であれば，定理 1.3.9 により E は分数イデアルとなる．また，m_0 を $M \cap (\mathrm{int}\,\pi^\vee)$ の元とすると，S_π の任意の分数イデアル $E \subset M$ に対して，整数 $a \geqq 0$ が存在して $am_0 + E \subset S_\pi$ となることが補題 1.2.6 からわかる．

X を $N_{\boldsymbol{R}}$ の扇とする．各 $\sigma \in X$ に M の空でない部分集合 E_σ が与えられていて，次の条件 (1), (2) を満たすとき，このシステム $E = (E_\sigma\,;\sigma \in X)$ を X の分数イデアルの**連接系**と呼ぶ．

(1) 任意の $\sigma \in X$ について E_σ は S_σ の分数イデアルである．

(2) $\sigma, \rho \in X$ が $\sigma \prec \rho$ を満たすとき，

$$E_\sigma = E_\rho + S_\sigma := \{x + a\,; x \in E_\rho, a \in S_\sigma\}$$

が成立する．

条件 (2) から特に，$\sigma \prec \rho$ であれば $E_\rho \subset E_\sigma$ であることがわかる．E がさらに次の条件 (3) も満たすとき，これを（分数イデアルの）**飽和連接系**と呼ぶ．

(3) $\rho \in X$ が 2 次元以上であれば，M において等式

$$E_\rho = \bigcap_{\sigma \in F(\rho)\setminus\{\rho\}} E_\sigma$$

が成り立つ．

命題 2.11.1 分数イデアルの連接系 $E = (E_\sigma\,;\sigma \in X)$ についての条件 (3) は，次の条件と同値である．

(3a) すべての $\rho \in X$ について

$$E_\rho = \bigcap_{\gamma \in F(\rho)(1)} E_\gamma$$

が成り立つ．ただし，$\rho = \mathbf{0}$ のときは，この式は $E_{\mathbf{0}} = M$ を意味するものとする．

証明 $\dim \rho = 0, 1$ の場合，(3) は無条件で (3a) も常に成り立つ条件である．

2 次元以上の任意の ρ について，

$$\bigcap_{\sigma \in F(\rho)\setminus\{\rho\}} E_\sigma \subset \bigcap_{\gamma \in F(\rho)(1)} E_\gamma \tag{2.13}$$

であることは明らかである．これが等式とならない ρ が存在したとして，τ をその中で極小であると仮定する．任意の $\rho \in F(\tau)\setminus\{\tau\}$ については，(2.13) が等式となることが τ の極小性からわかる．ところが，$F(\rho)(1) \subset F(\tau)(1)$ であることから

$$E_\rho \supset \bigcap_{\gamma \in F(\tau)(1)} E_\gamma$$

がわかる．これがすべての $\rho \in F(\tau)\setminus\{\tau\}$ についていえるので，(2.13) の逆向きの包含関係が τ について成り立つことになり，τ の取り方に矛盾する．よって (3) と (3a) は同値である． 証明終わり

例 2.11.2 各 $\sigma \in X$ に対し $F(\sigma)$ の正則指標全体 S_σ を対応させる連接系 $S = (S_\sigma\,;\sigma \in X)$ は飽和連接系である．これを X の**正則指標系**と呼ぶ．

各 $\sigma \in X$ について $S_\sigma^\circ = M \cap (\operatorname{int} \sigma^\vee)$ とおく．このとき $S^\circ = (S_\sigma^\circ\,;\sigma \in X)$

も飽和連接系である．これを X の**標準連接系**と呼ぶ．なお，ここで「標準」という言葉を使っているのは，代数多様体での標準加群層に対応しているからである．

D を X の因子とする．各 $\sigma \in X$ について

$$S(D)_\sigma = \{m \in M \,;\, (D + \boldsymbol{D}(m))|F(\sigma) \geqq 0\}$$

とおく．

定理 2.11.3 扇 X の任意の因子 D について，$S(D) = (S(D)_\sigma \,;\, \sigma \in X)$ は飽和連接系である．また，X の任意の飽和連接系はある一意的に定まる因子 D による $S(D)$ に等しい．

証明 各 $\gamma \in X(1)$ について，$n_\gamma \in N$ を 1 次元錐体 γ の原始的な生成元とする．$D = \sum_{\gamma \in X(1)} a_\gamma D_\gamma$ とすると，各 $\sigma \in X$ について

$$\begin{aligned} &S(D)_\sigma \\ &= \{m \in M \,;\, \langle m, n_\gamma \rangle + a_\gamma \geqq 0, \forall \gamma \in F(\sigma)(1)\} \\ &= \bigcap_{\gamma \in F(\sigma)(1)} S(D)_\gamma \end{aligned}$$

であるから，これは条件 (3a) を満たす．

条件 (1) を示す．m_0 を $M \cap (\operatorname{int} \sigma^\vee)$ の元とする．a を十分大きな正の整数とすると，任意の $\gamma \in F(\sigma)(1)$ について $\langle am_0, n_\gamma \rangle - a_\gamma \geqq 0$ となる．このとき，任意の $m \in S(D)_\sigma$ と $\gamma \in F(\sigma)(1)$ について $\langle m + am_0, n_\gamma \rangle \geqq 0$ となるので $am_0 + S(D)_\sigma \subset S_\sigma$ となる．この集合は S_σ 安定であるから，定理 1.3.9 により $am_0 + S(D)_\sigma$ は S_σ の分数イデアルとなり，その平行移動である $S(D)_\sigma$ も S_σ の分数イデアルである．

$\sigma \prec \rho$ のとき $S(D)_\sigma = S(D)_\rho + S_\sigma$ となることを示したい．$S(D)_\sigma \supset S(D)_\rho + S_\sigma$ であることは容易にわかるので，逆の包含関係を示す．$m_0 \in M \cap \operatorname{rel.int}(\rho^\vee \cap \sigma^\perp)$ をとる．補題 1.2.9 により ρ の面 σ は m_0 で定義されるので，$\gamma \in F(\sigma)(1)$ に対しては $\langle m_0, n_\gamma \rangle = 0$ で，それ以外の $\gamma \in F(\rho)(1)$ では $\langle m_0, n_\gamma \rangle > 0$ となる．したがって，任意の $m \in S(D)_\sigma$ に対して，$a > 0$ を十分大きくとれば $x := m + am_0 \in S(D)_\rho$ となる．$-m_0 \in S_\sigma$ であるから，

$m = x - am_0 \in S(D)_\rho + S_\sigma$ となり，逆がわかる．よって (2) も成り立つ．

後半を示すため，$E = (E_\sigma\ ; \sigma \in X)$ を飽和連接系とする．各 $\gamma \in X(1)$ について，有限個の元 $m_1, \ldots, m_s \in M$ が存在して

$$E_\gamma = (m_1 + S_\gamma) \cup \cdots \cup (m_s + S_\gamma)$$

となるが，$S_\gamma = \{m \in M\ ; \langle m, n_\gamma \rangle \geqq 0\}$ より

$$m_i + S_\gamma = \{m \in M\ ; \langle m, n_\gamma \rangle \geqq \langle m_i, n_\gamma \rangle\}$$

となる．したがって，$\langle m_i, n_\gamma \rangle\ (i = 1, \ldots, s)$ の最小値を $-a_\gamma$ とすると

$$E_\gamma = \{m \in M\ ; \langle m, n_\gamma \rangle \geqq -a_\gamma\}$$

となる．$D := \sum_{\gamma \in X(1)} a_\gamma D_\gamma$ とおけば，飽和であることから，任意の $\sigma \in X$ について $E_\sigma = S(D)_\sigma$ となる．したがって $E = S(D)$ である．　証明終わり

この定理により X の因子と分数イデアルの飽和連接系が一対一に対応することがわかる．任意の錐体 σ について

$$\begin{aligned} & m \in M \cap (\operatorname{int} \sigma^\vee) \\ \Longleftrightarrow\ & \langle m, n_\gamma \rangle > 0, \forall \gamma \in F(\sigma)(1) \\ \Longleftrightarrow\ & \langle m, n_\gamma \rangle \geqq 1, \forall \gamma \in F(\sigma)(1) \end{aligned}$$

であるから，標準連接系 S° に対応する因子は

$$K_X := -\sum_{\gamma \in X(1)} D_\gamma$$

である．これを X の**標準因子**とよぶ．

2.12　整凸多面体と射影的扇

N と M を互いに双対な階数 r の自由加群とする．実空間 $M_{\boldsymbol{R}}$ の有限部分集合の凸包を**凸多面体**という．特に，M の有限部分集合の凸包となっているものを**整凸多面体**という．凸多面体の性質は錐体の性質と類似なので，凸多面体についてはあまり詳しい証明は述べずに紹介する．

凸多面体 P の**次元**は，P を含む $M_{\boldsymbol{R}}$ のアフィン部分空間で最小のものの次元として定義される．このアフィン部分空間での P の内点全体を P の**相対内部**といい rel.int P と書く．

$P \subset M_{\boldsymbol{R}}$ を最大次元である r 次元の整凸多面体とする．P の空でない部分集合 Q が P の**面**であるとは，$M_{\boldsymbol{R}}$ の 1 次関数 l が存在して，$P \subset (l \geqq 0)$ かつ $Q = P \cap (l = 0)$ となることとする．ここで 1 次関数とは，1 次式で定義される関数のことである．このとき，P の面 Q はまた整凸多面体である．

P の 0 次元の面は一つの元からなるが，その元を P の**頂点**という．P の頂点集合が P の唯一の極小な生成系である．また，P の面 Q が 1 次関数 l で定義されているとすると，Q の頂点集合は，超平面 $(l = 0)$ に含まれる P の頂点全体に等しい．

Q を P の面とする．x を $\mathrm{rel.int}\, Q$ の元とし，$P - x := \{x' - x\,;\, x' \in P\}$ とする．

$$(P - x)^{\vee} := \{u \in N_{\boldsymbol{R}}\,;\, \langle y, u\rangle \geqq 0, \forall y \in P - x\}$$

は，$M_{\boldsymbol{R}}$ の r 次元錐体 $\boldsymbol{R}_0(P - x)$ の双対錐体であるから，$N_{\boldsymbol{R}}$ の強凸錐体となる．また，この錐体は x の選び方によらず Q で定まる．P の各面 Q に対して，この錐体を $\sigma(Q)$ と書く．$\sigma(Q)$ が有理的であることは，x を有理点にとればわかる．なお，P 自身も $l = 0$ で定義される P の面と考える．これについては，$\sigma(P) = \mathbf{0}$ である．

定理 2.12.1 P を $M_{\boldsymbol{R}}$ の r 次元の整凸多面体とする．$X(P)$ を P のすべての面 Q についての $\sigma(Q)$ の集合とすると，$X(P)$ は $N_{\boldsymbol{R}}$ の射影的扇である．

証明 $M' := M \oplus \boldsymbol{Z}$ および $N' := N \oplus \boldsymbol{Z}$ とおく．$x = (x_0, a) \in M'$ と $u = (u_0, b) \in N'$ に対して $\langle x, u\rangle := \langle x_0, u_0\rangle + ab$ と定義することにより，M' と N' は互いに双対な自由加群となる．

$C(P)$ を $M'_{\boldsymbol{R}}$ の部分集合 $P \times \{1\}$ で生成された錐体とする．$C(P)$ は $M_{\boldsymbol{R}} \times \boldsymbol{R}_0$ に含まれ，$M_{\boldsymbol{R}} = M_{\boldsymbol{R}} \times \{0\}$ との交わりは $\{0\}$ である．したがって，$C(P)$ は $M'_{\boldsymbol{R}}$ の非退化な強凸錐体となる．$C(P)$ の双対錐体 $\pi(P) := C(P)^{\vee}$ が $N'_{\boldsymbol{R}}$ の非退化な強凸錐体として定義される．ここで $n_0 := (0, 1) \in N'$ とおくと，$(n_0 \geqq 0) = M_{\boldsymbol{R}} \times \boldsymbol{R}_0$ であることから，1 次元錐体 $\gamma := \boldsymbol{R}_0 n_0$ は $\pi(P)$ に含まれる．しかも，$C(P) \cap (n_0 = 0) = \{0\}$ であることから，γ は $\pi(P)$ の内点と交わる．そこで，この γ を中心にしたアフィン扇 $F(\pi(P))$ のブローアップ $\mathrm{Bl}_{\gamma}(\pi(P))$ を考える．命題 2.7.3 により，$\mathrm{Bl}_{\gamma}(\pi(P))$ は $N_{\boldsymbol{R}}$ の扇 $\mathrm{Bl}_{\gamma}(\pi(P))[\gamma]$

上のアンプル準直線束である．γ が $\pi(P)$ の内部を通ることから，命題 2.7.1 により $\mathrm{Bl}_\gamma(\pi(P))[\gamma]$ は完備扇であり，射影的扇となる．したがって，この射影的扇が $X(P)$ に等しいことを示せばよい．

Q を整凸多面体 P の面とする．$C(Q)$ を $Q\times\{1\}$ で生成された錐体とすると，$C(Q)$ は $C(P)$ の面である．実際，l を $M_{\boldsymbol{R}}$ の 1 次関数で $P\subset(l\geqq 0)$ と $P\cap(l=0)=Q$ を満たすとすると，$(x,a)\in M'_{\boldsymbol{R}}=M_{\boldsymbol{R}}\oplus\boldsymbol{R}$ に対して

$$l'((x,a)):=l(x)+l(0)a-l(0)$$

で定義される $M'_{\boldsymbol{R}}$ の線形関数 $l':M'_{\boldsymbol{R}}\to\boldsymbol{R}$ は，$C(P)\subset(l'\geqq 0)$ と $C(Q)=C(P)\cap(l'=0)$ を満たす．

$C(Q)\subset C(P)$ に対応する $C(P)$ の双対錐体 $\pi(P)$ の面を σ'_Q とし，$\sigma'_Q+\gamma$ の $\mathrm{Bl}_\gamma(\pi(P))[\gamma]$ への像を σ_Q とする．$\sigma'_Q=\pi(P)\cap C(Q)^\perp$ であるが，補題 1.2.9 により，これは $x\in\mathrm{rel.int}\,C(Q)$ についての $\pi(P)\cap x^\perp=(C(P)+\boldsymbol{R}_0(-x))^\vee$ に等しい．ここで，$x=(x_0,1)\in\mathrm{rel.int}\,Q\times\{1\}$ と x をとれば

$$(C(P)+\boldsymbol{R}_0(-x))\cap M_{\boldsymbol{R}}=\bigcup_{a\in\boldsymbol{R}_0}a(P-x_0)=\boldsymbol{R}_0(P-x_0) \qquad (2.14)$$

となる．埋め込み写像 $M_{\boldsymbol{R}}\to M'_{\boldsymbol{R}}$ と射影 $p:N'_{\boldsymbol{R}}\to N_{\boldsymbol{R}}$ の双対性により，

$$\sigma_Q^\vee=p(\sigma'_Q)^\vee=(\sigma'_Q)^\vee\cap M_{\boldsymbol{R}}=(C(P)+\boldsymbol{R}_0(-x))\cap M_{\boldsymbol{R}}$$

となるので，等式 (2.14) により σ_Q は $\boldsymbol{R}_0(P-x_0)$ の双対錐体 $\sigma(Q)$ に一致する．

定理 1.2.8 により，$\pi(P)$ の面全体は $C(P)$ の面全体と一対一に対応するので，命題の $X(P)$ は $\mathrm{Bl}_\gamma(\pi)[\gamma]$ に等しいことがわかり，$X(P)$ は射影的扇である．

証明終わり

3

2 次 元 の 扇

この章では 2 次元の扇について，完備で極小な非特異扇の分類，非特異でないアフィン扇の非特異化の記述などを行う．

3.1 2 次元非特異完備扇

$N = \boldsymbol{Z}^2$ として，$N_{\boldsymbol{R}} = \boldsymbol{R}^2$ の非特異完備扇について考える．

まず，いくつかの例をあげておこう．N の基底をとって座標系 $N_{\boldsymbol{R}} \simeq \boldsymbol{R}^2$ を考えるが，基底は適宜都合のよいものに取り替える場合がある．

$v_0 = v_3 = (1,0), v_1 = (0,1), v_2 = (-1,-1)$ として，$\gamma_i := \boldsymbol{R}_0 v_i$ $(i = 0,1,2)$ および $\sigma_i := \boldsymbol{R}_0 v_i + \boldsymbol{R}_0 v_{i+1}$ $(i = 0,1,2)$ とおくと，7 個の元からなる非特異完備扇

$$\boldsymbol{P}^2 := \{\boldsymbol{0}, \gamma_0, \gamma_1, \gamma_2, \sigma_0, \sigma_1, \sigma_2\}$$

が得られる．この扇を**射影平面**という（図 3.1 参照）．

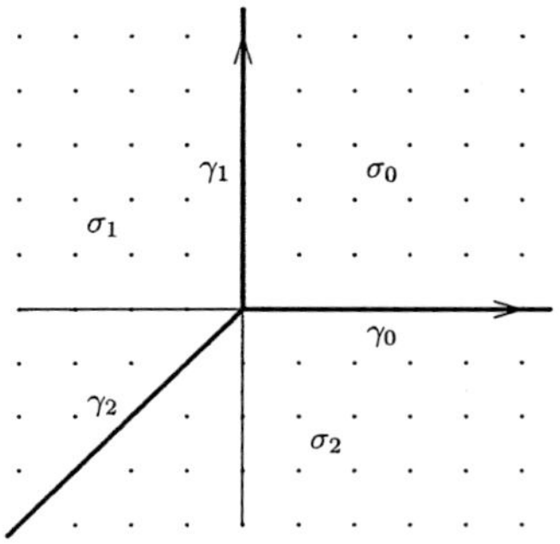

図 3.1　射影平面

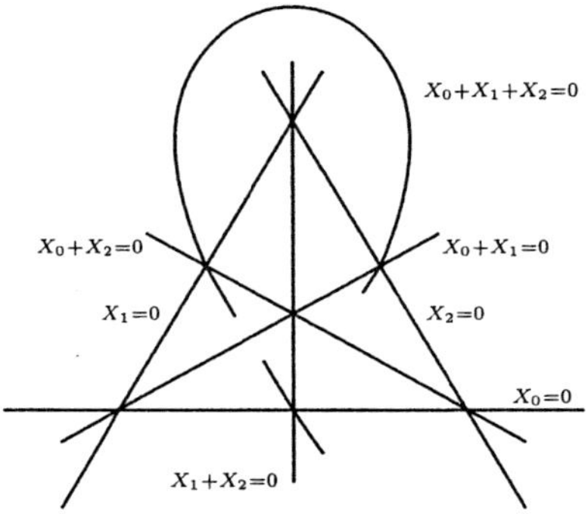

図 3.2　$\boldsymbol{P}^2_{\boldsymbol{F}_2}$ の 7 点と 7 本の直線

実射影平面や複素射影平面を知っている人は，なぜこれが射影平面かと思うであろうが，とにかくこれが扇としての射影平面である．実射影平面でも図に書くのは困難である．実際に見える形で正しく書けるのは，この扇の射影平面だけであろう．この射影平面に現れている直線は $\boldsymbol{P}^2[\gamma_i]$ $(i=0,1,2)$ の 3 本だけで，普通の意味の点にあたるのは $\boldsymbol{P}^2[\sigma_i]$ $(i=0,1,2)$ の 3 点だけである．

扇の話とは関係ないが，射影幾何学の対象となる最も簡単な射影平面としては，標数 2 の素体上の射影平面 $\boldsymbol{P}^2_{\boldsymbol{F}_2}$ が 7 点と 7 本の直線からできている（図 3.2 参照）．扇の射影平面は $\boldsymbol{P}^2_{\boldsymbol{F}_2}$ よりも単純ということになるが，多様体化の操作によりこれから複素射影平面が得られる．つまり，扇の射影平面は複素射影平面をつくるための設計図と考えられる．

k を 0 以上の整数とする．$v_0=v_4=(1,0), v_1=(0,1), v_2=(-1,k), v_3=(0,-1)$ として $\gamma_i := \boldsymbol{R}_0 v_i$ $(i=0,1,2,3)$ および $\sigma_i := \boldsymbol{R}_0 v_i + \boldsymbol{R}_0 v_{i+1}$ $(i=0,1,2,3)$ と定義すると，これらに零錐体を加えた 9 個の錐体の集合

$$F_k := \{\mathbf{0}, \gamma_0, \gamma_1, \gamma_2, \gamma_3, \sigma_0, \sigma_1, \sigma_2, \sigma_3\}$$

は非特異完備扇となる．これを k 次の**有理線織面**（せんしょくめん）という．このうち F_0 は二つの射影直線の直積 $\boldsymbol{P}^1 \times \boldsymbol{P}^1$ に等しい．

一般の 2 次元非特異完備扇について考える．

X を $N_{\boldsymbol{R}}$ の非特異完備扇とする．X には当然 1 次元錐体が存在するので，その一つを γ_0 とする．X の完備性から γ_0 を辺，すなわち 1 次元面として含

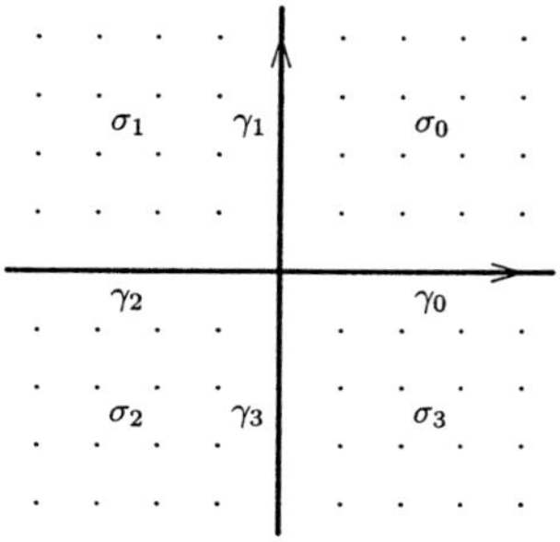

図 **3.3** $F_0 = \mathrm{P}^1 \times \mathrm{P}^1$

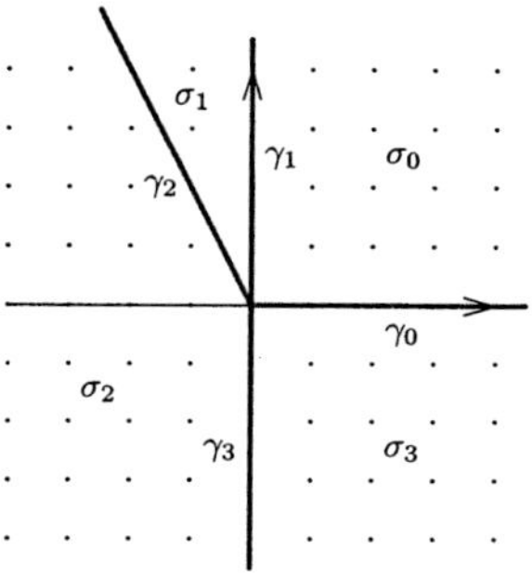

図 **3.4** F_2

む X の 2 次元錐体がちょうど二つ存在する．このことは明らかといってもよいが，論理的な説明を要する場合は次のようにいうこともできる．

$X[\gamma_0]$ は命題 2.7.1 により 1 次元完備扇であるから，これは $\boldsymbol{P}^1$ に同型で 1 次元錐体を二つもつ．したがって，$X(\gamma_0\prec)$ は 2 次元錐体を二つもつ．

γ_0 を辺として含む 2 次元錐体の一つを σ_0 とする．σ_0 のもう一つの辺を γ_1 とする．γ_1 も二つの 2 次元錐体の辺となるので，そのうち σ_0 でない方を σ_1 とする．σ_1 のもう一方の辺を γ_2 とする．このような操作を繰り返すことにより，X の 1 次元錐体の列 $\gamma_0, \gamma_1, \ldots, \gamma_d$ と 2 次元錐体の列 $\sigma_0, \sigma_1, \ldots, \sigma_d$ が得られる．

X の 1 次元錐体は有限個であるから，ある $s > 0$ について γ_s はある γ_i $(i = 0, 1, \ldots, s-1)$ に等しくなるはずである．s をこのような自然数のうちで最小のものとする．$i = 1, \ldots, s-1$ については γ_i を含む 2 次元錐体はすでに σ_{i-1}, σ_i として現れているので，$\gamma_s = \gamma_0$ しかあり得ない．このとき，γ_0 を辺として含む 2 次元錐体は σ_0 と σ_{s-1} となる．便宜上 $\sigma_{-1} := \sigma_{s-1}$, $\sigma_s := \sigma_0$ とおく．

すこしくどくなるが，このようにして得られた s 個の 1 次元錐体と s 個の 2 次元錐体および $\mathbf{0}$ が X の元のすべてであることを示そう．これら $2s+1$ 個の錐体からなる X の開部分扇が完備であることを示せばよい．x をこの部分扇の台に含まれない点とする．2 次元錐体 σ_0 の内部の点 y を線分 $\overline{xy}$ が原点を通らないようにとる．線分 $\overline{xy}$ は σ_0 に含まれないので $\gamma_0, \ldots, \gamma_{s-1}$ のうちいくつかとの交点で有限個の線分に分割される．これらの線分のうち端点である x を含むものを $\overline{xy'}$ とし，$\{y'\} = \overline{xy} \cap \gamma_j$ とすれば，$\overline{xy'}$ は γ_j を含む 2 次元錐体の σ_{j-1} または σ_j に含まれる．これは x がどの σ_i にも含まれないとした仮定に矛盾する．よって

$$X = \{\mathbf{0}, \gamma_0, \ldots, \gamma_{s-1}, \sigma_0, \ldots, \sigma_{s-1}\}$$

となる．

N の原始的な元 $v_0, v_1, \ldots, v_{s-1}$ を各 i について $\gamma_i = \boldsymbol{R}_0 v_i$ となるようにとる．σ_i はすべて非特異であるから，特に $v_0 = (1,0)$, $v_1 = (0,1)$ となるように N の座標をとり直す．また，$v_s := v_0$, $v_{-1} := v_{s-1}$ とする．この座標の成分を x 座標，y 座標と呼ぶことにする．

$i = 0, \ldots, s-1$ について，v_{i+1} を基底 $\{v_{i-1}, v_i\}$ を用いて $v_{i+1} = av_{i-1} + bv_i$ と表す．$\{v_i, v_{i+1}\}$ が基底であることから，$a = \pm 1$ であるが，さらに $\sigma_{i-1} \cap \sigma_i = \gamma_i$ であることから，$a = -1$ となる．b は整数なので，これを a_i とおく．すなわち，a_i は

$$v_{i-1} + v_{i+1} = a_i v_i \tag{3.1}$$

を満たす整数である．このようにして，2 次元非特異完備扇から有限整数列 $a_0, a_1, \ldots, a_{s-1}$ が得られる．

補題 3.1.1 ある $i < j$ について $a_{i+1}, a_{i+2}, \ldots, a_{j-1} \geqq 2$ であれば $C := \sigma_i \cup \sigma_{i+1} \cup \cdots \cup \sigma_{j-1}$ は強凸な錐体である．

証明 必要なら番号を巡回させることにより $i = 0$ としてよい．$i = 0, \ldots, s-1$ について $v_i = (x_i, y_i)$ とする．

$y_0 < y_1 < \cdots < y_j$ であることを帰納法で示す．$y_0 = 0$, $y_1 = 1$ であるから $y_0 < y_1$ は正しい．$y_0 < y_1 < \cdots < y_d$ $(d < j)$ が正しいと仮定する．等式 $v_{d-1} + v_{d+1} = a_d v_d$ の y 成分をみれば，$a_d \geqq 2$ により

$$y_{d+1} - y_d = y_d - y_{d-1} + (a_d - 2) y_d > 0$$

となるので $y_d < y_{d+1}$ も成り立つ．

これにより，$\sigma_0, \ldots, \sigma_{j-1}$ はすべて上半平面にあって，σ_0 以外は原点だけで x 軸と交わる．(v_i, v_{i+1}) はすべて同じ向きづけの基底なので，$x_i y_{i+1} - x_{i+1} y_i = 1$

となり，これにより

$$\frac{x_i}{y_i} - \frac{x_{i+1}}{y_{i+1}} = \frac{1}{y_i y_{i+1}}$$

となる．これから，$i = 1, \ldots, j-1$ について

$$\sigma_i \setminus \{0\} = \left\{ (x, y)\,;\, y > 0, \frac{x_{i+1}}{y_{i+1}} \leqq \frac{x}{y} \leqq \frac{x_i}{y_i} \right\}$$

であることがわかる．したがって，$0 \leqq p \leqq q \leqq j$ であれば σ_p の点と σ_q の点を結ぶ線分は $\sigma_p, \sigma_{p+1}, \ldots, \sigma_{q-1}, \sigma_q$ を通るので C は凸である．また，上半平面に含まれる直線は x 軸だけで，σ_0 はその正の部分しか含まないので C は強凸である．　証明終わり

補題 3.1.2　少なくとも三つの i について $a_i \leqq 1$ となる．

証明　補題 3.1.1 によりすべて $a_i \geqq 2$ とはなり得ない．$a_i \leqq 1$ となる γ_i によって $N_{\boldsymbol{R}}$ を分割すると，補題 3.1.1 により，分割された各部分はすべて 2 次元強凸錐体となる．平面 $N_{\boldsymbol{R}}$ のこのような分割は強凸錐体二つではできないので，少なくとも三つの i について $a_i \leqq 1$ となる．　証明終わり

ある i について $a_i = 1$ であれば，$\sigma' := \sigma_{i-1} \cup \sigma_i$ は非特異錐体となる．例えば $a_1 = 1$ とすると，$v_2 = (-1, 1)$ となり，σ' は $(1, 0)$ と $(-1, 1)$ で生成される非特異錐体となる．他の i でも同様である．この場合は，X から $\gamma_i, \sigma_{i-1}, \sigma_i$ の三つの錐体を取り除いて σ' を付け加えることにより，2 次元錐体の一つ少ない非特異完備扇 X' が得られる．この操作を**ブローダウン**という．逆に X は X' の錐体 σ' におけるブローアップにより得られる．$a_i = 1$ となる i が存在しないとき，X を**極小**な非特異完備扇という．ブローダウンにより 2 次元錐体と 1 次元錐体が一つずつ減るので，どんな 2 次元非特異完備扇も 0 回以上有限回のブローダウンにより極小な非特異完備扇となる．

X を極小とする．すなわち，すべての i について $a_i \neq 1$ と仮定する．この場合，補題 3.1.2 により三つ以上の i について $a_i \leqq 0$ となる．

補題 3.1.3　$a_i, a_j \leqq 0$ で γ_i と γ_j が隣接しないとすると $s = 4$ で $a_i = a_j = 0$ となる．このとき，X は有理線織面となる．

証明 γ_i を含む 2 次元錐体 σ_{i-1}, σ_i の和は $a_i = 0$ なら半平面で，$a_i < 0$ の場合は半平面より大きな非凸の錐体となる．γ_j についても同様である．したがって 4 個の 2 次元錐体 $\sigma_{i-1}, \sigma_i, \sigma_{j-1}, \sigma_j$ が高々それらの辺でしか共通部分をもたないためには $a_i = a_j = 0$ の場合しかない．このとき，これら 4 個の 2 次元錐体の和は 2 つの半平面の和で $N_{\boldsymbol{R}}$ に等しいので，X はこれらの 2 次元錐体とその面からなる扇である．よって $s = 4$ である．

$a_0 = a_2 = 0$ で $v_0 = (1, 0), v_1 = (0, 1)$ かつ $\sigma_0 = \boldsymbol{R}_0 v_0 + \boldsymbol{R}_0 v_1$ と仮定できる．また，このとき $v_1 + v_3 = 0$ より $a_1 + a_3 = 0$ であるから，必要なら番号を 2 ずつずらすことにより $a_1 \geqq 0$ と仮定できる．このとき $k := a_1$ により $v_2 = (-1, k)$ となるので，X は次数 k の有理線織面である． 証明終わり

定理 3.1.4 X が 2 次元非特異完備扇で極小とする．このとき X は $\boldsymbol{P}^2$, $\boldsymbol{P}^1 \times \boldsymbol{P}^1$ または $F_k\ (k \geqq 2)$ に同型である．

証明 まず $s \geqq 4$ を仮定する．極小性と補題 3.1.2 により少なくとも三つの i について $a_i \leqq 0$ となる．これらがどの二つも互いに隣接していれば $s = 3$ であるが，$s \geqq 4$ であることから，ある隣接しない i, j について $a_i, a_j \leqq 0$ となる．したがって，補題 3.1.3 により X は有理線織面となる．次数が 1 の場合はある a_l が 1 となり極小でないので，X は $F_0 = \boldsymbol{P}^1 \times \boldsymbol{P}^1$ または $F_k\ (k \geqq 2)$ である．

$s = 3$ とする．$v_0 = (1, 0)$ および $v_1 = (0, 1)$ を仮定すると，$\boldsymbol{R}_0 v_0 + \boldsymbol{R}_0 v_2$ が非特異となるためには v_2 の y 座標は -1 でなければならない．また，$\boldsymbol{R}_0 v_1 + \boldsymbol{R}_0 v_2$ が非特異となるためには v_2 の x 座標が -1 でなければならない．したがって $v_2 = (-1, -1)$ となり X は射影平面 $\boldsymbol{P}^2$ である．

証明終わり

この定理により，すべての 2 次元の非特異完備扇は $\boldsymbol{P}^2$, $\boldsymbol{P}^1 \times \boldsymbol{P}^1$ または $F_k\ (k \geqq 2)$ からブローアップを繰り返すことにより構成できることがわかる．

なお，この定理に対応する有理代数曲面の定理が存在するが，証明はかなりむずかしい．

定理 3.1.5 (ネーターの公式) これまでと同様に X を 2 次元の非特異完備

扇とする．s を X の 1 次元錐体の数とし，$a_0,\ldots,a_{s-1}$ を (3.1) で定義される整数とすると，等式

$$-a_0-\cdots-a_{s-1}+3s=12 \tag{3.2}$$

が成り立つ．

証明　まず X が極小である場合に定理が正しいことを確認しよう．$X=\boldsymbol{P}^2$ であれば $s=3$, $a_0=a_1=a_2=-1$ であるから正しい．$X=F_k\ (k\neq 1)$ の場合は $s=4$, $a_0=a_2=0$, $a_1=k$, $a_3=-k$ であるのでこれも正しい．

一般の場合については s についての数学的帰納法で証明する．X が極小でなければ 1 次元錐体の数が $s-1$ のある 2 次元非特異完備扇 X' のブローアップとなる．$s\geqq 3$ であるが，$s=3$ であれば他の完備扇のブローアップにはならないので極小である．したがって，この場合は正しい．

$s\geqq 4$ とする．X が極小でないと仮定してよい．X' の 1 次元錐体を $\gamma_0,\ldots,\gamma_{s-2}$ とし，2 次元錐体を $\tau_i=\gamma_i+\gamma_{i+1}\ (i=0,\ldots,s-3)$ および $\tau_{s-2}=\gamma_{s-2}+\gamma_0$ とする．そして，X は X' の τ_{s-2} におけるブローアップとする．X' について (3.1) で定義される整数の列を $b_0,\ldots,b_{s-2}$ とすると，$v_{s-1}=v_{s-2}+v_0$ に注意すれば，

$$a_0=b_0+1,\quad a_{s-2}=b_{s-2}+1,\quad a_{s-1}=1$$

および

$$a_i=b_i\ (i=1,\ldots,s-3)$$

が成り立つことがわかる．帰納法の仮定から

$$-b_0-\cdots-b_{s-2}+3(s-1)=12$$

であるから，

$$\begin{aligned}
&-a_0-\cdots-a_{s-1}+3s\\
&=-(b_0+1)-b_1-\cdots-b_{s-3}-(b_{s-2}+1)-1+3s\\
&=-b_0-\cdots-b_{s-2}+3(s-1)\\
&=12
\end{aligned}$$

となる．よって X でも等式が正しいことがわかる．　証明終わり

3.2　群が作用する2次元非特異扇

この節では，無限扇の例として，無限巡回群の作用する 2 次元非特異扇について考える．

$N \simeq \boldsymbol{Z}^2$ とする．g を N の行列式 1 の自己同型で二つの正の実固有値をもつとする．すなわち，$\{u, v\}$ を N の基底とし，$g(u) = au + cv$, $g(v) = bu + dv$ とすれば，整数行列

$$\begin{bmatrix} a & b \\ c & d \end{bmatrix}$$

の行列式 $ad - bc$ は 1 である．特性多項式は

$$t^2 - (a+d)t + 1$$

であるから，固有値についての条件はトレース $a+d$ が 2 より大きいことと同値である．

g で引き起こされる $N_{\boldsymbol{R}}$ の線形写像も，同じ記号 g で表すことにする．g の固有値のうち一つは 1 より大きい実数となるので，任意の $n > 0$ について g^n は恒等写像ではない．$a + d \geqq 3$ より，判別式 $(a+d)^2 - 4$ は平方数ではないので固有値は無理数である．

$\lambda > 1$ と λ^{-1} を g の固有値とし，$\boldsymbol{x}$ と $\boldsymbol{y}$ を

$$\begin{cases} g(\boldsymbol{x}) & = & \lambda^{-1}\boldsymbol{x} \\ g(\boldsymbol{y}) & = & \lambda \boldsymbol{y} \end{cases}$$

を満たす 0 でない固有ベクトルとする．

$\boldsymbol{x}$ と $\boldsymbol{y}$ の選び方に依存するが，実平面 $N_{\boldsymbol{R}}$ の開集合 D を

$$D := \{\zeta\boldsymbol{x} + \xi\boldsymbol{y}\,;\,\zeta, \xi > 0\}$$

で定義する．

$$g(\zeta\boldsymbol{x} + \xi\boldsymbol{y}) = \lambda^{-1}\zeta\boldsymbol{x} + \lambda\xi\boldsymbol{y}$$

であるから，$g(D) = D$ であることがわかる．

$D \cup \{0\}$ を台とする非特異無限扇 X が次のように構成される．

Γ を D に含まれる格子点全体 $N \cap D$ の平面 $N_{\boldsymbol{R}}$ での凸包とする．このと

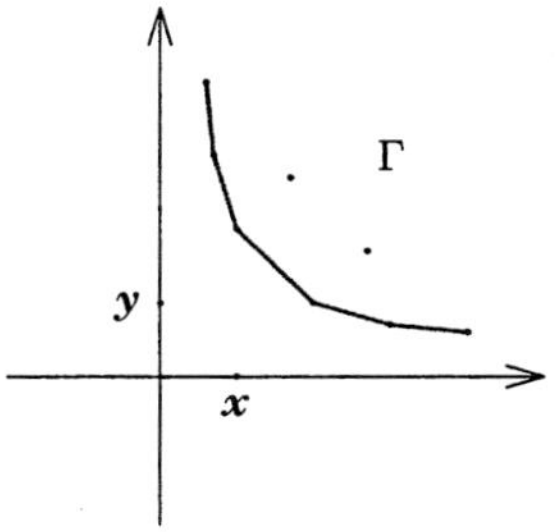

図 3.5 F_2

き，Γ は非有界の閉凸集合で，その境界上の点の近傍では局所的に多角形となっている．Γ の境界上の $N \cap D$ の点全体は無限列

$$V = \{\ldots, m_{i-1}, m_i, m_{i+1}, m_{i+2}, \ldots\}$$

をつくり，線分の和

$$\bigcup_{i \in \boldsymbol{Z}} \overline{m_i m_{i+1}}$$

が Γ の境界となる．また，Γ の頂点集合は $V = \{m_i \,;\, i \in \boldsymbol{Z}\}$ の無限部分列となる．

これらの事実は図 3.5 のような観念的な図を描けば明らかとも思えるが，厳密な証明は結構面倒である．また，g が具体的に行列で与えられた場合でも，$N \cap D$ は無限集合なので，その凸包を実際に求める作業は容易ではない．

ここでは，g を表す行列から V を具体的に求める方法を紹介しよう．

補題 3.2.1 N の基底 $\{u, v\}$ をうまくとると，$g(u) = au + cv$, $g(v) = bu + dv$ としたとき，整数 a, b, c, d がすべて正となる．

証明 $a + d > 2$ の条件があるので，必要なら u と v を交換することにより $a > 0$ が仮定できる．また，必要なら v を $-v$ で置き換えることにより $c \geqq 0$ も仮定できる．ここで $ad - bc = 1$ であるから，$c = 0$ であれば $a = d = 1$ となり，$a + d > 2$ の条件に矛盾する．したがって，$c > 0$ である．

$b > 0$ であれば，等式 $ad = bc + 1$ より d も正となり，$a, b, c, d > 0$ である．$b = 0$ であれば，$a = d = 1$ となるので，これはあり得ない．

$b < 0$ とする．等式 $ad = bc + 1$ から $d \leqq 0$ がわかる．$a + d > 2$ だから，

$a \geqq 3$ である．また，この等式から $a > c > 0$ であれば，$0 > d > b$ であり，$c \geqq a > 0$ であれば，$d \leqq b < 0$ であることもわかる．

$a > c > 0$ の場合，$\{u, u+v\}$ を新しい基底とすると，g を表す行列は

$$\begin{bmatrix} a' & b' \\ c' & d' \end{bmatrix} = \begin{bmatrix} 1 & -1 \\ 0 & 1 \end{bmatrix} \begin{bmatrix} a & b \\ c & d \end{bmatrix} \begin{bmatrix} 1 & 1 \\ 0 & 1 \end{bmatrix}$$
$$= \begin{bmatrix} a-c & a-c+b-d \\ c & c+d \end{bmatrix}$$

となる．$d' = c+d > 0$ であれば，$a', b', c', d' > 0$ なので，この基底が条件を満たす．そうでない場合は，$a > a' > 0$ と $0 \geqq d' > d$ が成り立つ．

$c \geqq a > 0$ の場合，$\{u+v, v\}$ を新しい基底とすれば

$$\begin{bmatrix} a' & b' \\ c' & d' \end{bmatrix} = \begin{bmatrix} 1 & 0 \\ -1 & 1 \end{bmatrix} \begin{bmatrix} a & b \\ c & d \end{bmatrix} \begin{bmatrix} 1 & 0 \\ 1 & 1 \end{bmatrix}$$
$$= \begin{bmatrix} a+b & b \\ -a+c-b+d & -b+d \end{bmatrix}$$

となる．このとき $0 \geqq d' > d$ であり，$a' + d' > 2$ より $a > a' > 2$ である．

いずれにしても，$a', b', c', d' > 0$ とならなければ，$a > a' > 0$ と $0 \geqq d' > d$ となるので，この操作が無限に続くことはあり得ない．これで，$a, b, c, d > 0$ となる基底がとれることがわかった．　証明終わり

行列 U_1, U_2 を

$$U_1 := \begin{bmatrix} 1 & 0 \\ 1 & 1 \end{bmatrix}, \quad U_2 := \begin{bmatrix} 1 & 1 \\ 0 & 1 \end{bmatrix}$$

で定義する．

補題 3.2.2　整数の行列

$$A = \begin{bmatrix} a & b \\ c & d \end{bmatrix}$$

が $\det A = 1$ および $a, b, c, d \geqq 0$ を満たすとする．このとき，1 と 2 からなる有限列 $k(1), \ldots, k(s)$ が一意的に存在して，

$$A = U_{k(1)} U_{k(2)} \cdots U_{k(s)}$$

となる．ただし，$s=0$ であれば右辺は単位行列とする．また，$a+d>2$ の場合，この数列 $k(1), k(2), \ldots, k(s)$ は，1 と 2 を少なくとも一つずつ含む．

証明　$a+d$ についての数学的帰納法で示す．

$a=0$ または $d=0$ とすると A の行列式は 0 以下となるので，$a, d \geqq 1$ である．$a+d=2$ であれば，$a=d=1$ で，$b=0$ または $c=0$ である．したがって，$b=0$ なら $A=U_1^c$ で，$c=0$ なら $A=U_2^b$ である．U_1 と U_2 の積が含まれれば行列の成分が全部正となるので，この場合はあり得ない．したがって，A のこれらの表示は一意的である．

$n \geqq 3$ として，$a+d<n$ であれば一意性も含め補題が成り立つとする．$a+d=n$ 場合を示す．

列の最後の成分 $k(s)$ の一意性については，$k(s)=1$ なら $a+c>b+d$ で，$k(s)=2$ なら $a+c<b+d$ であることからわかる．

$a>b$ とすると，等式 $ad-bc=1$ により，$c \geqq d$ となる．このとき，

$$\begin{bmatrix} a & b \\ c & d \end{bmatrix} = \begin{bmatrix} a-b & b \\ c-d & d \end{bmatrix} \begin{bmatrix} 1 & 0 \\ 1 & 1 \end{bmatrix}$$

となる．行列

$$\begin{bmatrix} a-b & b \\ c-d & d \end{bmatrix}$$

については帰納法の仮定が使えるので，この場合は補題が成り立つ．

$a \leqq b$ とすると，等式 $ad-bc=1$ により，$d>c$ がわかる．このとき，

$$\begin{bmatrix} a & b \\ c & d \end{bmatrix} = \begin{bmatrix} a & b-a \\ c & d-c \end{bmatrix} \begin{bmatrix} 1 & 1 \\ 0 & 1 \end{bmatrix}$$

であり，この場合も帰納法の仮定から補題が成り立つ．　証明終わり

行列

$$A = \begin{bmatrix} a & b \\ c & d \end{bmatrix}$$

が $\det A = 1$ および $a, b, c, d > 0$ を満たすとする．この場合，明らかに $a+d>2$ である．

補題により，整数 $s \geqq 2$ と写像 $k:\{1,\dots,s\}\to\{1,2\}$ が存在して，

$$A = U_{k(1)}U_{k(2)}\cdots U_{k(s)}$$

となる．各 $0 \leqq i \leqq s$ について

$$U_{k(1)}U_{k(2)}\cdots U_{k(i)} = \begin{bmatrix} a_i & b_i \\ c_i & d_i \end{bmatrix}$$

とおく．ただし，$i=0$ の場合は左辺は単位行列とする．任意の $0 < i \leqq s$ について，$k(i)=1$ であれば

$$\begin{bmatrix} a_i & b_i \\ c_i & d_i \end{bmatrix} = \begin{bmatrix} a_{i-1}+b_{i-1} & b_{i-1} \\ c_{i-1}+d_{i-1} & d_{i-1} \end{bmatrix}$$

であり，$k(i)=2$ であれば

$$\begin{bmatrix} a_i & b_i \\ c_i & d_i \end{bmatrix} = \begin{bmatrix} a_{i-1} & b_{i-1}+a_{i-1} \\ c_{i-1} & d_{i-1}+c_{i-1} \end{bmatrix}$$

となる．

$k^{-1}(1) = \{p(1),\dots,p(l)\}$ $(p(1) < \cdots < p(l))$ とすると，$k^{-1}(2) = \{q(1),\dots,q(s-l)\}$ $(q(1) < \cdots < q(s-l))$ はその補集合である．整ベクトル $u_0,\dots,u_l$ を

$$u_0 := \begin{bmatrix} 1 \\ 0 \end{bmatrix}$$

および，各 $0 < j \leqq l$ について

$$u_j := \begin{bmatrix} a_{p(j)} \\ c_{p(j)} \end{bmatrix}$$

と定義する．特に，$j=l$ の場合は

$$u_l = \begin{bmatrix} a_{p(l)} \\ c_{p(l)} \end{bmatrix} = \begin{bmatrix} a \\ c \end{bmatrix}$$

である．また，一般の整数 $n = ml+j$ $(m \in \boldsymbol{Z}, 0 \leqq j < l)$ については，$u_n := A^m u_j$ とおく．このとき，任意の n について，$\{u_n, u_{n+1}\}$ が $\boldsymbol{Z}^2$ の基底であることと，

$$u_{n-1} + u_{n+1} = (p(j+1) - p(j) + 1)u_n$$

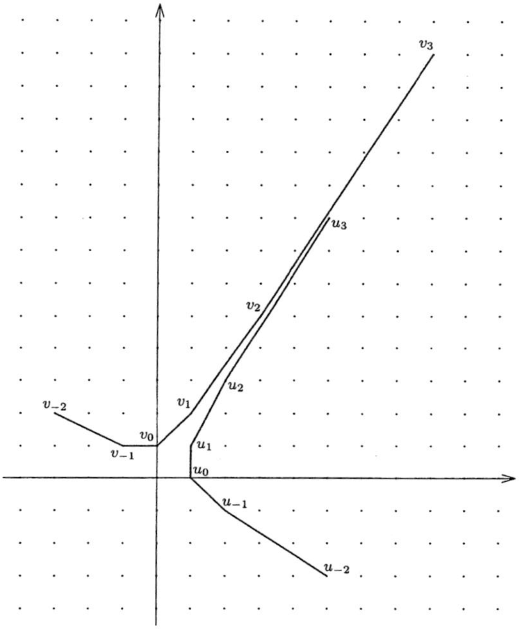

図 3.6

であることが容易にわかる．ただし，$p(0) := p(l) - s$ とする．この節の最初に考えた領域 D を u_0 を含むようにとれば，任意の $0 \leqq j < l$ について $p(j+1) - p(j) + 1 \geqq 2$ であることから，$V = \{u_i\,;\, i \in \boldsymbol{Z}\}$ が Γ の境界上の $N \cap D$ の点全体となることがわかる．

各 $i \in \boldsymbol{Z}$ について，$\gamma_i := \boldsymbol{R}_0 u_i$ および $\sigma_i := \boldsymbol{R}_0 u_i + \boldsymbol{R}_0 u_{i+1}$ とおけば，

$$X := \{\gamma_i, \sigma_i\,;\, i \in \boldsymbol{Z}\} \cup \{\boldsymbol{0}\}$$

は g で生成される無限巡回群の作用する非特異扇で，台は $D \cup \{0\}$ に等しい．

一番簡単な場合として，

$$A = \begin{bmatrix} 1 & 1 \\ 1 & 2 \end{bmatrix} = U_1 U_2$$

の場合，u_i や v_i は図 3.6 のようになる．この場合，$\lambda = (3+\sqrt{5})/2$，$\boldsymbol{x} = (1+\sqrt{5}, -2)$, $\boldsymbol{y} = (2, 1+\sqrt{5})$ である．

3.3　2次元特異点の解消

$N=\boldsymbol{Z}^2$ とし，σ を $N_{\boldsymbol{R}}$ の 2 次元錐体とする．錐体の強凸性を仮定しているので，原始的な元 $z_0, z_1 \in N$ が存在して $\sigma = \boldsymbol{R}_0 z_0 + \boldsymbol{R}_0 z_1$ となる．

アフィン扇 $F(\sigma)$ の非特異化を行う前に，σ に合わせた座標の正規化を以下のようにしておく．

N の基底 $\{u_0, u_1\}$ を $u_0 = z_0$ となるようにとる．z_1 はある整数 m, n により $z_1 = mu_0 + nu_1$ と表されるが，z_0 と z_1 の 1 次独立性から $n \neq 0$ である．さらに，必要なら u_1 を $-u_1$ で置き換えることにより，$n > 0$ となるようにできる．また，z_1 が原始的であることから $\gcd\{m, n\} = 1$ である．

このような N の基底は限られており，$\{w_0, w_1\}$ を同様の基底とすれば，ある整数 a が存在して

$$\begin{cases} w_0 &= u_0 \\ w_1 &= au_0 + u_1 \end{cases}$$

となる．基底 $\{w_0, w_1\}$ では $z_1 = (m - an)w_0 + nw_1$ である．ここで，$0 < m - an \leqq n$ となる整数 a が一意的に存在するので，それを採用する．この a について $q := n - (m - an)$ とおけば，$0 \leqq q < n$ かつ $\gcd\{n, q\} = 1$ で $z_1 = (n - q)w_0 + nw_1$ となる．

作り方から，n と q は $\{z_0, z_1\}$ の順序と σ によって一意的に定まる整数である．$n = 1$ の場合は $q = 0$ であり，この場合は $z_0 = w_0$, $z_1 = w_0 + w_1$ で $F(\sigma)$ は非特異扇である．

$n > 1$ であれば，$\gcd\{q, n\} = 1$ より $0 < q < n$ である．この場合の $\{w_0, w_1\}$ を，この特異 2 次元錐体 σ を表す標準的な基底とする．この基底により，錐体は第一象限に含まれ，一つの辺は x 軸の正の部分で，もう一方の辺は傾きが 1 より大きい半直線となる．

例として，$n = 8$, $q = 3$ の場合，図 3.7 のような錐体となる．この錐体は $\{(1, 0), (5, 8)\}$ で生成されている．

X を $F(\sigma)$ の非特異化とする．すなわち X は非特異有限扇で台が σ となるとする．

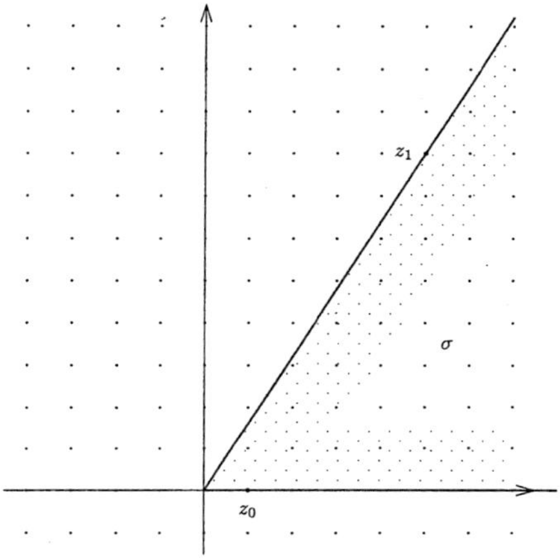

図 **3.7** $(n = 8,\ q = 3)$

$\gamma_0 := \boldsymbol{R}_0 z_0$ は σ の面である．X は $F(\sigma)$ の細分であるから γ_0 は X の錐体の和集合となるが，γ_0 は 1 次元なのでこれに含まれる錐体は $\mathbf{0}$ と γ_0 自身しかない．したがって，$\gamma_0 \in X$ がわかる．γ_0 から始めて，2 次元非特異完備扇の場合と同様に，順に隣り合う 1 次元錐体と 2 次元錐体をとっていくと，今回は γ_0 を含む 2 次元錐体が一つしかないので巡回はせず，ある γ_t が $\boldsymbol{R}_0 z_1$ と一致して列が終わる．すなわち，X は $\mathbf{0}$ および 1 次元錐体 $\gamma_0, \ldots, \gamma_t$ と 2 次元錐体 $\sigma_0, \ldots, \sigma_{t-1}$ からなり，各 σ_i は γ_i と γ_{i+1} を辺として含んでいることがわかる．

各 γ_i $(i = 0, \ldots, t)$ の原始的な生成元を $v_i \in N$ とする．非特異完備扇の場合と同様に，各 $0 < i < t$ について，整数 a_i が存在して等式

$$v_{i-1} + v_{i+1} = a_i v_i$$

を満たす．このようにして，$F(\sigma)$ の非特異化 X に対応する整数列 $a_1, \ldots, a_{t-1}$ が得られる．

この場合は，すべての a_i は 1 以上である．もし，$a_i \leqq 0$ であれば $-v_{i-1} = v_{i+1} + (-a_i)v_i \in \sigma_i$ であり，直線 $\boldsymbol{R}v_{i-1}$ は $\sigma_{i-1} \cup \sigma_i$ に含まれる．σ は強凸錐体であるからこれはあり得ない．

定理 3.3.1 σ を任意の特異 2 次元錐体とする．このとき，$F(\sigma)$ の非特異

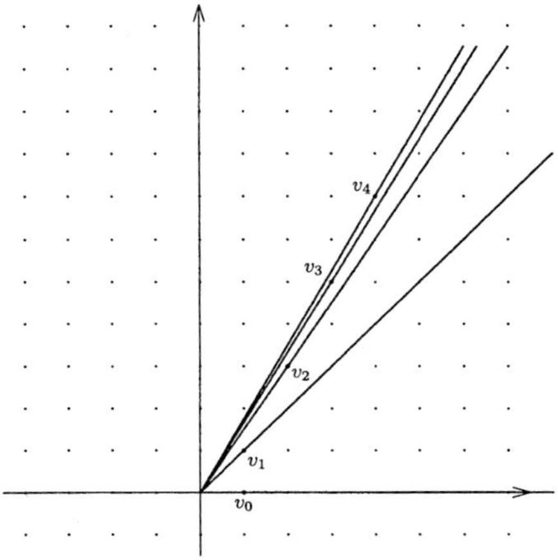

図 3.8 非特異化 ($n = 7$, $q = 3$)

化 X で，上記のようにして得られる整数 a_i がすべて 2 以上となるものが一意的に存在する．

証明 $\{0, z_0, z_1\}$ を頂点とする三角形を P とし，$N \cap P \setminus \{0\}$ の凸包を Γ とする．z_0 と z_1 は Γ の境界にあり，P に含まれる格子点は有限個であるから，Γ は z_0 と z_1 を直接結ぶ線分 E と，z_0 と z_1 を両端として P の内部を通る有限個の線分の和 F で囲まれている（図 3.9 参照）．ただし，Γ が線分となる場合もあり，このときは $E = F$ である．

F に含まれる格子点を，$v_0 = z_0$ から順に

$$v_0 = z_0, v_1, \ldots, v_{t-1}, v_t = z_1$$

とすると，各 $0 \leqq i \leqq t-1$ について $\sigma_i := \boldsymbol{R}_0 v_i + \boldsymbol{R}_0 v_{i+1}$ が非特異錐体であることが，$\{0, v_i, v_{i+1}\}$ を頂点とする三角形が頂点以外に格子点をもたないことからわかる．また，$a_i = 1$ であれば $v_i = v_{i-1} + v_{i+1}$ となり，Γ の凸性に反するので，すべての a_i が 2 以上であることもわかる．

逆に，a_i がすべて 2 以上になるような非特異化をとれば，この扇についての $v_0, v_1, v_3, \ldots$ を線分で結んだものと線分 $\overline{z_0 z_1}$ が凸な領域を囲むことになる．この領域は $N \cap P \setminus \{0\}$ を含んでいて，頂点はすべて N の点なので，Γ に一致する．したがって，この扇が先に構成した X に等しいことがわかる． 証明終わり

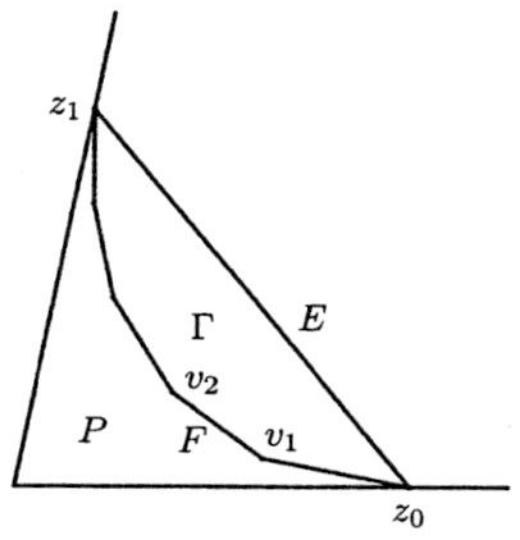

図 3.9

定理の $a_i \geqq 2$ の条件は，非特異完備扇の場合と同様に，X が極小なことを示している．2 次元錐体の極小な非特異化をとったときの，数列 $a_1, a_2, a_3, \ldots$ と頂点 $v_0, v_1, v_2, \ldots$ の関係について述べたい．これについては，$a_1, a_2, a_3, \ldots$ を成分とする連分数展開を用いて紹介されることが多い．しかし，連分数は表示は簡単で見やすいが，それを用いて値を評価しようとしたときなど，扱いが面倒なことが多い．ここでは，手数はかかるが別の方法で述べる．

s を 0 以上の整数とし，$(a_1, \ldots, a_s)$ を 2 以上の整数の列とする．整数 $d(a_1, \ldots, a_s)$ を次の $s \times s$ 行列 $(a_{i,j})$ の行列式として定義する．

$$a_{i,j} = \begin{cases} a_i & i = j \text{ の場合} \\ 1 & i = j \pm 1 \text{ の場合} \\ 0 & \text{その他} \end{cases}$$

ただし，$s = 0$ の場合は $d() = 1$ とし，$s = 1$ の場合は $d(a_1) = a_1$ とする．

列を反転させた場合の等式

$$d(a_1, \ldots, a_s) = d(a_s, \ldots, a_1) \tag{3.3}$$

は行列式の性質からすぐわかる．また $s \geqq 2$ の場合，この行列の第 1 行の各成分について行列式を展開すれば，等式

$$d(a_1, \ldots, a_s) = a_1 d(a_2, \ldots, a_s) - d(a_3, \ldots, a_s) \tag{3.4}$$

が得られる．(3.3) と (3.4) を組み合わせれば，

$$d(a_1, \ldots, a_s) = a_s d(a_1, \ldots, a_{s-1}) - d(a_1, \ldots, a_{s-2}) \tag{3.5}$$

も得られる．

補題 3.3.2 $s \geqq 1$ であれば任意の 2 以上の整数の列 $(a_1, \ldots, a_s)$ について $d(a_1, \ldots, a_s)$ と $d(a_2, \ldots, a_s)$ は互いに素で

$$d(a_1, \ldots, a_s) > d(a_2, \ldots, a_s) > 0$$

を満たす．特に

$$d(a_1, \ldots, a_s) \geqq 2$$

となる．

証明 列の長さ s についての数学的帰納法で補題を示す．$s = 1$ の場合は $d(a_1, \ldots, a_s) = a_1$, $d(a_2, \ldots, a_s) = 1$ であるから正しい．

$t \geqq 2$ とする．$s = t-1$ で正しいと仮定して $s = t$ の場合を示す．等式 (3.4) より

$$d(a_1, \ldots, a_t) = a_1 d(a_2, \ldots, a_t) - d(a_3, \ldots, a_t) \tag{3.6}$$

となる．帰納法の仮定を列 $(a_2, \ldots, a_t)$ に適用すれば，$d(a_2, \ldots, a_t)$ と $d(a_3, \ldots, a_t)$ は互いに素となるので，$d(a_1, \ldots, a_t)$ と $d(a_2, \ldots, a_t)$ も共通因子をもたない．また，帰納法の仮定から $d(a_2, \ldots, a_t) > d(a_3, \ldots, a_t) > 0$ で，さらに $a_1 \geqq 2$ であるから，等式 (3.6) により補題の不等式がわかる．

証明終わり

命題 3.3.3 n, q が互いに素な整数とし $n > q > 0$ を満たすとすると，

$$n = d(a_1, \ldots, a_s)\ ,\ q = d(a_2, \ldots, a_s)$$

を満たす整数 $s \geqq 1$ および 2 以上の整数の列 $(a_1, \ldots, a_s)$ が一意的に存在する．

証明 まず s と数列の存在を q についての数学的帰納法で示す．$q = 1$ であれば $s = 1$, $a_1 = n$ とおけばよい．

$q \geqq 2$ と仮定する．n と q は互いに素で $n > q > 0$ であるから 2 以上の整数 a が存在して $aq > n > (a-1)q$ となる．$aq - n$ は q と互いに素で $q > aq - n > 0$ を満たすので，帰納法の仮定から $t \geqq 1$ および $(b_1, \ldots, b_t)$ が存在して

$$q = d(b_1, \ldots, b_t)\ ,\ aq - n = d(b_2, \ldots, b_t)$$

が成り立つ．ここで $s := t + 1$, $a_i := b_{i-1}$ $(i = 2, \ldots, s)$ および $a_1 = a$ とお

けば,

$$d(a_2,\ldots,a_s)=d(b_1,\ldots,b_t)=q$$

および

$$d(a_1,\ldots,a_s)=ad(b_1,\ldots,b_t)-d(b_2,\ldots,b_t)=aq-(aq-n)=n$$

が成り立つ.

次に

$$n=d(a_1,\ldots,a_s)\ ,\ q=d(a_2,\ldots,a_s)$$

を満たす s と $(a_1,\ldots,a_s)$ の一意性を,これも q についての数学的帰納法で示す.

$q=1$ とする.補題 3.3.2 により $s\geqq 2$ であれば $q\geqq 2$ であるから,$q=1$ であれば $s=1$ となる.このとき,$a_1=n$ となり,列は一意的である.

$q\geqq 2$ であれば,等式 (3.4) より a_1 は $a_1q>n>(a_1-1)q$ を満たす整数であるから一意的である.またこのとき,$q=d(a_2,\ldots,a_s)$ かつ $a_1q-n=d(a_3,\ldots,a_s)$ となるが,q と a_1q-n は互いに素で $0<a_1q-n<q$ となっているので,帰納法の仮定から $(a_2,\ldots,a_s)$ は一意的である.これで s と $(a_1,\ldots,a_s)$ の一意性も得られた. 証明終わり

命題 3.3.3 の整数の組 (n,q) と数列 $(a_1,\ldots,a_s)$ の関係は次の連分数展開の形に表すこともできる.

$$\frac{n}{q}=a_1-\cfrac{1}{a_2-\cfrac{1}{a_3-\cfrac{\ddots}{a_{s-1}-\cfrac{1}{a_s}}}}$$

命題 3.3.4 σ を $N_{\boldsymbol{R}}\simeq\boldsymbol{R}^2$ の2次元錐体 $\boldsymbol{R}_0(1,0)+\boldsymbol{R}(n-q,n)$ とし,X を $F(\sigma)$ の極小な非特異化とする.このとき,X の1次元錐体の原始的な生成元の列 $v_0,\ldots,v_{s+1}$ については,$v_0=(1,0)$, $v_1=(1,1)$ で,$i=2,\ldots,s+1$ については

$$v_i=(d(a_1,\ldots,a_{i-1})-d(a_2,\ldots,a_{i-1}),d(a_1,\ldots,a_{i-1}))$$

となる.

証明 i についての数学的帰納法で示す．$i=0,1$ については，最初に行った座標の正規化により $(1,1)\in\operatorname{int}\sigma$ であるから，明らかにこうなる．

$i=2$ の場合，$v_2=a_1v_1-v_0$ の関係があるので $v_2=(a_1-1,a_1)$ となり正しいことがわかる．$i=3$ の場合，$v_3=a_2v_2-v_1$ の関係から $v_3=(a_1a_2-a_2-1,a_1a_2-1)$ が得られ，この場合も正しい．

$3\leqq t<s$ として $i\leqq t$ まで正しいと仮定する．$i=t+1$ の場合，$v_{t+1}=a_tv_t-v_{t-1}$ の関係があるので，第一成分について

$$
\begin{aligned}
&x_{t+1}\\
&=a_tx_t-x_{t-1}\\
&=a_t(d(a_1,\ldots,a_{t-1})-d(a_2,\ldots,a_{t-1})\\
&-(d(a_1,\ldots,a_{t-2})-d(a_2,\ldots,a_{t-2}))\\
&=a_td(a_1,\ldots,a_{t-1})-d(a_1,\ldots,a_{t-2})\\
&-a_td(a_2,\ldots,a_{t-1})+d(a_2,\ldots,a_{t-2})\\
&=d(a_1,\ldots,a_t)-d(a_2,\ldots,a_t)
\end{aligned}
$$

となり，$i=t+1$ の場合も正しいことがわかる．第二成分についても

$$
\begin{aligned}
&y_{t+1}\\
&=a_ty_t-y_{t-1}\\
&=a_td(a_1,\ldots,a_{t-1})-d(a_1,\ldots,a_{t-2})\\
&=d(a_1,\ldots,a_t)
\end{aligned}
$$

で正しい．　　証明終わり

4

代数的トーラス

この章では複素数体上の代数的トーラスの基本的な性質をみる．代数的トーラスの準同型や座標変換は，線形代数におけるベクトル空間の線形写像や座標変換の記述に似ている．ただし，ここでの行列は整数を成分とする行列となる．

この章の後半では，2 次元代数的トーラス内の代数曲線について，いくつかの例をあげて考える．

4.1　代数的トーラスの正則変換

複素数全体 $\boldsymbol{C}$ は，よく知られているように，四則演算のできる体である．$\boldsymbol{C}^{\times} := \boldsymbol{C} \setminus \{0\}$ とおく．これは乗法についての可換群となっている．

r を 0 以上の整数とする．$T = (\boldsymbol{C}^{\times})^r$ とし，これを r 次元の**代数的トーラス**という．T は r 個の可換群の直積であるから，これも可換群となっている．T の単位元は $1_T = (1, \ldots, 1)$ である．ただし，$r = 0$ の場合は，T は単位元のみの 1 点からなる可換群である．

複素空間 $\boldsymbol{C}^r$ の標準的な座標系を $(t_1, \ldots, t_r)$ とする．複素関数論であれば，$\boldsymbol{C}^r$ の領域 D の正則関数 f は D の各点 $(p_1, \ldots, p_r)$ の近傍で

$$f = \sum_{i_1=0}^{\infty} \cdots \sum_{i_r=0}^{\infty} a_{i_1,\ldots,i_r}(t_1 - p_1)^{i_1} \cdots (t_r - p_r)^{i_r} \tag{4.1}$$

と複素数係数のベキ級数に展開できる関数のことであるが，代数幾何学での正則関数はこれよりずっと限定された関数となる．すなわち，$\boldsymbol{C}^r$ 全域の正則関数は $t_1, \ldots, t_r$ の多項式として表される関数だけである．また，$\boldsymbol{C}^r$ の領域として考えるのは，ある恒等的に 0 でない多項式 $f(t_1, \ldots, t_r)$ が 0 とならない点全体 $D(f)$ や，それらの和集合だけである．また，$D(f)$ での正則関数は，あ

る多項式 $g(t_1,\ldots,t_r)$ と非負整数 n により

$$\frac{g(t_1,\ldots,t_r)}{f(t_1,\ldots,t_r)^n}$$

と表される有理式だけである．この意味での正則関数を複素関数論での正則関数と区別したいときは，これを代数的な正則関数と呼ぶ．

代数的トーラス $T \subset \boldsymbol{C}^r$ は正則関数 $f = t_1 \cdots t_r$ が 0 とならない領域である．したがって，T での正則関数 h は，ある多項式 g と整数 $n \geqq 0$ により，$h = g/(t_1 \cdots t_r)^n$ と表される．

補題 4.1.1　h が T の代数的な正則関数で T のどの点でも 0 とならないとすると，r 個の整数 $a_1,\ldots,a_r$ と $c \in \boldsymbol{C}^\times$ が存在して，

$$h(t_1,\ldots,t_r) = ct_1^{a_1} \cdots t_r^{a_r}$$

となる．

証明　ある多項式 g と整数 $n \geqq 0$ により $h = g/(t_1 \cdots t_r)^n$ となるので，g が単項式であることを示せばよい．

多項式 g が単項式でなければ，ある $u = (u_1,\ldots,u_r) \in T$ で $g(u) = 0$ となることを，r についての数学的帰納法で示す．$r = 0$ では g は定数なので単項式である．$r = 1$ の場合は 1 変数の多項式なので，代数学の基本定理により g は 1 次式の積となる．したがって，$g = 0$ の根が 0 だけであれば，g は単項式である．

$r > 1$ とする．g が単項式でなければ，ある $1 \leqq i \leqq r$ について，相異なる整数 $d, e \geqq 0$ が存在して，g は t_i の指数が d の単項式と e の単項式を含む．i はどれでも同じことなので，表記を簡単にするため $i = r$ とする．

$$g = \sum_{j=0}^{m} g_i(t_1,\ldots,t_{r-1})t_r^j$$

と表せば，二つの多項式 g_d と g_e は 0 ではない．

このとき，$u' = (u_1,\ldots,u_{r-1}) \in (\boldsymbol{C}^\times)^{r-1}$ を適当にとれば $g_d(u')$ と $g_e(u')$ はともに 0 でない．このことは g_d と g_e がともに定数であれば自明である．そうでなければ

$$g_d(t_1,\ldots,t_{r-1})g_e(t_1,\ldots,t_{r-1}) - \alpha$$

は $\alpha = 1$ または -1 で単項式ではないので，その α について，帰納法の仮定により $g_d(u')g_e(u') - \alpha = 0$ となる u' が存在する．

このとき，$\sum_{j=0}^{m} g_i(u')t_r^j$ は単項式でない 1 変数多項式であるから，$u_r \in \boldsymbol{C}^\times$ が存在して，$u = (u_1, \ldots, u_r)$ について，$g(u) = \sum_{j=0}^{m} g_i(u')u_r^j = 0$ となる．

証明終わり

$q \geqq 0$ を整数とし，T' を q 次元の代数的トーラスとする．T' を複素空間 $\boldsymbol{C}^q$ に自然に埋め込み，$\boldsymbol{C}^q$ の標準座標 $(s_1, \ldots, s_q)$ を T' の座標として用いる．写像 $\phi : T \to T'$ が**正則写像**とは，これを $\boldsymbol{C}^q$ の標準座標で成分表示したとき，T の q 個の正則関数 $\phi_1, \ldots, \phi_q$ により，

$$\phi(t) = (\phi_1(t), \ldots, \phi_q(t))$$

となっていることと定義する．

定理 4.1.2 $\phi : T \to T'$ を正則写像とすると，整数を要素とする行列

$$A_\phi = \begin{bmatrix} a_{1,1} & a_{1,2} & \cdots & a_{1,r} \\ a_{2,1} & a_{2,2} & \cdots & a_{2,r} \\ \vdots & \vdots & & \vdots \\ a_{q,1} & a_{q,2} & \cdots & a_{q,r} \end{bmatrix}$$

と $c_\phi = (c_1, c_2, \ldots, c_q) \in T'$ が存在して，$i = 1, \ldots, q$ の各 i について

$$\phi_i = c_i t_1^{a_{i,1}} \cdots t_r^{a_{i,r}}$$

となる．また，これらのうち ϕ が群の準同型となるのは，$c_1 = \cdots = c_s = 1$ の場合である．

証明 T' の座標により $\phi(t) = (\phi_1(t), \ldots, \phi_q(t))$ と表せば，各 ϕ_i は T から $\boldsymbol{C}^\times$ への正則写像である．したがって，補題 4.1.1 により，このような 整数 $a_{i,1}, \ldots, a_{i,r}$ と $c_i \in \boldsymbol{C}^\times$ が存在する．

ϕ が準同型であれば，$\phi(1_T) = 1_{T'}$ であるから，各 i について $\phi_i(1_T) = c_i = 1$ である．

逆に，$c_i = 1$ であれば，各 ϕ_i が T から $\boldsymbol{C}^\times$ への準同型であることがわかるので，これを並べた ϕ も準同型である． 証明終わり

本書では，代数的トーラス間の準同型としては正則写像であるものだけを考える．したがって，定理により r 次元代数的トーラスから q 次元代数的トーラスへの準同型は，整数を要素とする $q \times r$ 行列によって定まることがわかる．また，$\rho_A : T \to T'$ が行列 A による代数的トーラスの準同型で，$\rho_B : T' \to T''$ が行列 B による代数的トーラスの準同型とすると，正則写像の合成 $\rho_B \cdot \rho_A : T \to T''$ は行列の積 BA で定まる準同型であることが容易に確かめられる．

$T = T'$ で定理の A_ϕ が単位行列の場合，ϕ は

$$(t_1, \ldots, t_r) \mapsto (c_1 t_1, \ldots, c_r t_r)$$

で定義される正則写像となる．このような正則写像を T の**平行移動**という．定理により，一般の正則写像 ϕ は，行列 A_ϕ による準同型と c_ϕ による T' の平行移動の合成となっていることがわかる．

行列 A による準同型を $\rho_A : T \to T'$ とし，$a \in T$ による平行移動を $\tau(a)$ とすると，等式

$$\rho_A \cdot \tau(a) = \tau(\rho_A(a)) \cdot \rho_A$$

が容易に確かめられる．ここで，$\tau(\rho_A(a))$ は T' での $\rho_A(a)$ による平行移動である．また，任意の $a, b \in T$ について，等式

$$\tau(b) \cdot \tau(a) = \tau(ab)$$

が成り立つ．

代数的トーラスの正則写像の合成については，

$$\phi = \tau(c) \cdot \rho_A : T \longrightarrow T' \qquad \psi = \tau(d) \cdot \rho_B : T' \longrightarrow T''$$

とすると，

$$\begin{aligned} \psi \cdot \phi &= \tau(d) \cdot \rho_B \cdot \tau(c) \cdot \rho_A \qquad (4.2) \\ &= \tau(d) \cdot \tau(\rho_B(c)) \cdot \rho_B \cdot \rho_A \\ &= \tau(\rho_B(c) d) \cdot \rho_{BA} \end{aligned}$$

となることがわかる．

T から T 自身への正則写像 $\phi : T \to T$ が**正則自己同型**とは，ϕ が全単射で逆写像 ϕ^{-1} も正則写像となることと定義する．

命題 4.1.3 正則写像 $\phi : T \to T$ が行列 $A = A_\phi$ による準同型と $c = c_\phi \in T$ による平行移動の合成とする．

(1) ϕ が恒等写像となるのは，A が単位行列で $c = 1_T$ の場合である．

(2) ϕ が正則自己同型となるための必要十分条件は，$\det A = \pm 1$ となることである．さらに，ϕ が群の自己同型となるのは $c = 1_T = (1, \ldots, 1)$ の場合である．

証明　(1) ϕ が T の恒等写像あることは，定理 4.1.2 で

$$\phi_i = t_i \, (i = 1, \ldots, r)$$

を意味するので，A が単位行列で $c = 1_T$ であることと同値である．

(2) $\det A = \pm 1$ であれば，よく知られているように，A の逆行列 $B = A^{-1}$ が整数を成分とする行列として存在する．$\phi = \tau(c) \cdot \rho_A$ であるから，$\phi' := \rho_B \cdot \tau(c^{-1})$ が逆写像となり，ϕ は正則自己同型である．

逆に，ϕ が正則自己同型で ψ をその逆写像とする．(4.2) を考えると，(1) より BA が単位行列となるので，$\det A = \pm 1$ がわかる．

最後の部分は定理 4.1.2 からわかる．　証明終わり

4.2　代数的トーラスの座標系

$T = (\boldsymbol{C}^{\times})^r$ とし，$(t_1, \ldots, t_r)$ を T の標準的な座標系とする．T では $t_1, \ldots, t_r$ は 0 でない複素数値をとる．T を含む複素空間 $\boldsymbol{C}^r$ の基底の 1 次変換を行った場合，もとの T は新しい座標 $(s_1, \ldots, s_r)$ での領域 $(s_1 \cdots s_r \neq 0)$ とは，ほとんどの場合一致しない．したがって，このような座標変換は代数的トーラスには不適当である．

T から T 自身への群同型の形からも想像がつくことであるが，代数的トーラスでは次のような一般には非線形な座標変換が重要となる．

A を $\mathrm{GL}_r(\boldsymbol{Z})$ の元，すなわち r 次の整数成分の正方行列

$$\begin{bmatrix} a_{1,1} & a_{1,2} & \cdots & a_{1,r} \\ a_{2,1} & a_{2,2} & \cdots & a_{2,r} \\ \vdots & \vdots & & \vdots \\ a_{r,1} & a_{r,2} & \cdots & a_{r,r} \end{bmatrix}$$

で行列式が 1 または -1 とする．A の逆行列も $\mathrm{GL}_r(\boldsymbol{Z})$ の元となるので，こ

れを $B=(b_{i,j})$ とする．T の点についての新しい座標 $(s_1,\ldots,s_r)$ を

$$\begin{cases} s_1 &= t_1^{b_{1,1}}t_2^{b_{1,2}}\cdots t_r^{b_{1,r}} \\ s_2 &= t_1^{b_{2,1}}t_2^{b_{2,2}}\cdots t_r^{b_{2,r}} \\ \vdots & \qquad \vdots \\ s_r &= t_1^{b_{r,1}}t_2^{b_{r,2}}\cdots t_r^{b_{r,r}} \end{cases} \tag{4.3}$$

で定義する．この $(s_1,\ldots,s_r)$ も T の座標系となっており $s_1,\ldots,s_r$ は 0 でない複素数を値にとる．実際，$A=(a_{i,j})$ を用いて定義した

$$\begin{cases} t_1 &= s_1^{a_{1,1}}s_2^{a_{1,2}}\cdots s_r^{a_{1,r}} \\ t_2 &= s_1^{a_{2,1}}s_2^{a_{2,2}}\cdots s_r^{a_{2,r}} \\ \vdots & \qquad \vdots \\ t_r &= s_1^{a_{r,1}}s_2^{a_{r,2}}\cdots s_r^{a_{r,r}} \end{cases} \tag{4.4}$$

がこの逆変換になることが容易に確かめられる．

これらの変換は複雑にみえるが，次のように T の指標群やワンパラメーター部分群全体の群を考えることにより，線形代数での基底の変換と同様に考えることができる．

T から 1 次元の代数的トーラス $\boldsymbol{C}^\times$ への準同型を T の**指標**という．補題 4.1.1 により，T の指標 χ はある整数 $a_1,\ldots,a_r$ により，$t_1,\ldots,t_r$ の単項式として

$$\chi = t_1^{a_1}t_2^{a_2}\cdots t_r^{a_r}$$

と書ける．すなわち，T の指標全体は $t_1,\ldots,t_r$ の負ベキも許す係数 1 の単項式全体に一致する．T の指標全体からなる可換群を T の**指標群**という．T の指標群において積の演算を加法に書き換えたものを M とする．演算記号を取り替えた都合上，M の元 m の表す単項式は $\boldsymbol{e}(m)$ で表す．すなわち，$m, m' \in M$ に対して $\boldsymbol{e}(m+m')=\boldsymbol{e}(m)\boldsymbol{e}(m')$ であり $\boldsymbol{e}(0)=1$ となる．このように定義すると次のような利点がある．

M は階数 r の自由 $\boldsymbol{Z}$ 加群であり，$m_1,\ldots,m_r \in M$ を $\boldsymbol{e}(m_i)=t_i$ $(i=1,\ldots,r)$ となる元とすると，$\{m_1,\ldots,m_r\}$ は M の基底である．また，行列 $A=(a_{i,j}) \in \mathrm{GL}_r(\boldsymbol{Z})$ による座標変換 (4.3) で得られた座標系を $(s_1,\ldots,s_r)$ とすると，これに対応する M の基底 $\{m'_1,\ldots,m'_r\}$ は線形の関係式

$$(m_1,\ldots,m_r)=(m'_1,\cdots,m'_r)\,{}^{\mathrm{t}}\!A \tag{4.5}$$

を満たす．実際，各 i について，左辺の第 i 成分に対応する単項式は $\boldsymbol{e}(m_i) = t_i$ で，右辺の第 i 成分に対応する単項式は

$$\boldsymbol{e}(a_{i,1}m'_1 + \cdots + a_{i,r}m'_r) = s_1^{a_{i,1}} \cdots s_r^{a_{i,r}}$$

となり，変換式 (4.4) に一致する．

逆に $\boldsymbol{C}^\times$ から T への準同型を T の**ワンパラメーター部分群**という．ただし，準同型は単射とは限らないので，ワンパラメーター部分群は普通の意味では T の部分群といえない場合もある．

T のワンパラメーター部分群 λ_0 に対して，r 個の整数 $d_1, \ldots, d_r$ が存在して

$$\lambda_0(t) = (t^{d_1}, \ldots, t^{d_r})$$

となることが，定理 4.1.2 からわかる．

T のワンパラメーター部分群全体を N と書く．これも便宜上 $n \in N$ の表すワンパラメーター部分群を $\lambda(n)$ と書くことにする．$n, n' \in N$ について和 $n + n'$ に対応するワンパラメーター部分群を

$$\lambda(n+n')(t) := \lambda(n)(t)\lambda(n')(t) \quad (t \in \boldsymbol{C}^\times)$$

と定義する．この式の右辺は T での積である．

各 $1 \leqq i \leqq r$ について，$n_i \in N$ を $\lambda(n_i)(t)$ の第 i 成分だけが t で他の成分がすべて 1 となる元とする．このとき，ワンパラメーター部分群 $\lambda_0(t) = (t^{d_1}, \ldots, t^{d_r})$ は $\lambda(d_1n_1 + \cdots + d_rn_r)$ に等しい．すなわち，N は $\{n_1, \ldots, n_r\}$ を基底とする階数 r の自由 $\boldsymbol{Z}$ 加群となる．

双線形写像

$$\langle\ ,\ \rangle : M \times N \longrightarrow \boldsymbol{Z}$$

が次のように定義される．

$m = a_1m_1 + \cdots + a_rm_r$, $n = d_1n_1 + \cdots + d_rn_r$ とするとき，$\langle m, n\rangle := a_1d_1 + \cdots + a_rd_r$ と定義する．

合成写像 $\boldsymbol{e}(m) \cdot \lambda(n)$ は $\boldsymbol{C}^\times$ からそれ自身への準同型であるが，

$$\begin{aligned}(\boldsymbol{e}(m) \cdot \lambda(n))(t) &= \boldsymbol{e}(m)((t^{d_1}, \ldots, t^{d_r})) \\ &= t^{a_1d_1 + \cdots + a_rd_r}\end{aligned} \tag{4.6}$$

であるから，これは $t \in \boldsymbol{C}^\times$ に $\langle m, n\rangle$ 乗 $t^{\langle m,n\rangle}$ を対応させる写像であること

がわかる．このことから特に，この双線形写像は T の座標系のとり方によらないこともわかる．

$1 \leqq i, j \leqq r$ について $\langle m_i, n_j \rangle = \delta_{i,j}$ （$\delta_{i,j}$ はクロネッカーのデルタ）となっているので，$\{n_1, \ldots, n_r\}$ は $\{m_1, \ldots, m_r\}$ の双対基底である．座標系 $(s_1, \ldots, s_r)$ に対応する M の基底 $\{m'_1, \ldots, m'_r\}$ の双対基底を $\{n'_1, \ldots, n'_r\}$ とすると，関係式 (4.5) の双対として

$$(n'_1, \ldots, n'_r) = (n_1, \ldots, n_r)A \tag{4.7}$$

が得られる．

r 次元の実空間 $N_{\boldsymbol{R}} = N \otimes_{\boldsymbol{Z}} \boldsymbol{R}$ が 2 章や 3 章で扇を考えたベクトル空間である．代数的トーラス T と実空間 $N_{\boldsymbol{R}}$ は，対応

$$(t_1, \ldots, t_r) \mapsto (-\log|t_1|, \ldots, -\log|t_r|)$$

で定義される写像 $\mu_N : T \to N_{\boldsymbol{R}}$ で直接結びつけられる．μ_N は乗法群 T から加法群 $N_{\boldsymbol{R}}$ への準同型となっている．

T を $(t_1, \ldots, t_r)$ を座標系とする代数的トーラスとし，T' を $(s_1, \ldots, s_q)$ を座標系とする代数的トーラスとする．$\rho_A : T \to T'$ を整数行列 $A = (a_{i,j})$ で定義される準同型とすると，次の図式が可換となる．

$$\begin{array}{ccc} T & \xrightarrow{\rho_A} & T' \\ \mu_N \downarrow & & \downarrow \mu_{N'} \\ N_{\boldsymbol{R}} & \xrightarrow{f_A} & N'_{\boldsymbol{R}} \end{array}$$

ここで，f_A は，$(t_1, \ldots, t_r)$ に対応する $N_{\boldsymbol{R}}$ の基底と $(s_1, \ldots, s_q)$ に対応する $N'_{\boldsymbol{R}}$ の基底について，

$$\begin{bmatrix} x_1 \\ \vdots \\ x_r \end{bmatrix} \mapsto A \begin{bmatrix} x_1 \\ \vdots \\ x_r \end{bmatrix}$$

で定義される線形写像である．実際，任意の $t = (t_1, \ldots, t_r) \in T$ に対して

$$\begin{aligned} \mu_{N'} \cdot \rho_A(t) &= f_A \cdot \mu_N(t) \\ &= \left(\sum_{i=1}^{r} a_{1,j}(-\log|t_j|), \ldots, \sum_{i=1}^{r} a_{q,j}(-\log|t_j|) \right) \end{aligned}$$

となっている．

4.3　2 次元代数的トーラス上の代数曲線

2 変数の多項式 $f(x,y) \in \boldsymbol{C}[x,y]$ が 0 となる複素平面 $\boldsymbol{C}^2$ 点の全体

$$C_f = \{(x,y) \in \boldsymbol{C}^2 \ ; f(x,y) = 0\} \tag{4.8}$$

を**平面代数曲線**という．ここで，複素平面 $\boldsymbol{C}^2$ は実空間としては 4 次元あるので，具体的な代数曲線の正確な図を描くことはすでに不可能である．

実数全体 $\boldsymbol{R}$ は $\boldsymbol{C}$ に部分集合として入っているので，実平面 $\boldsymbol{R}^2$ は $\boldsymbol{C}^2$ に含まれていると考えられる．代数曲線とこの実平面の交わり

$$C_f \cap \boldsymbol{R}^2 = \{(x,y) \in \boldsymbol{R}^2 \ ; f(x,y) = 0\}$$

は，もちろん一般には部分的だが，図に描くことができる．例えば，$f = x^2 + y^2 - 4$ であれば，$C_f \cap \boldsymbol{R}^2$ は原点を中心とする半径 2 の円となる．

$C_f \cap \boldsymbol{R}^2$ が代数曲線の特徴を表している場合もあるが，いつもそうとは限らない．例えば，$f = x^2 + y^2 + 1$ であれば，$C_f \cap \boldsymbol{R}^2$ は空集合となってしまう．

さて，$P = (a,b)$ を C_f 上の点とすると，C_f の P での**接線**は

$$\partial_x f(a,b)(x-a) + \partial_y f(a,b)(y-b) = 0 \tag{4.9}$$

で定義される．ここで $\partial_x f$ と $\partial_y f$ はそれぞれ多項式 f の変数 x および y による偏微分である．ただし，$\partial_x f(a,b)$ と $\partial_y f(a,b)$ がともに 0 とすると (4.9)

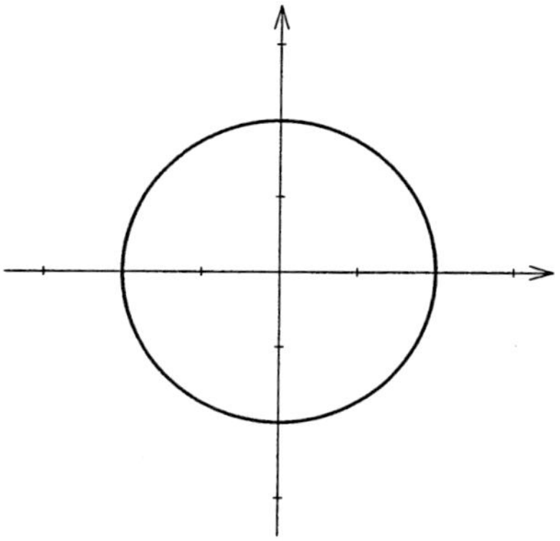

図 4.1　半径 2 の円：$x^2 + y^2 - 4 = 0$

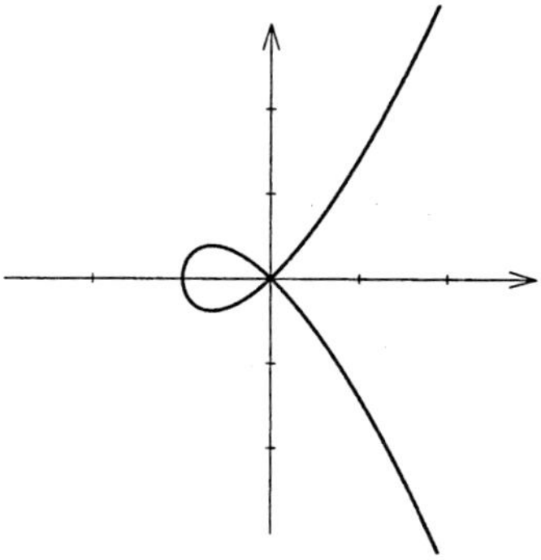

図 **4.2**　原点で通常 2 重点をもつ曲線：$y^2 - x^2 - x^3 = 0$

は自明な式となり，この式では接線は定義されない．このように接線が定義できない点，すなわち

$$f(x,y) = \partial_x f(x,y) = \partial_y f(x,y) = 0 \tag{4.10}$$

を満たす点 (x,y) を C_f の**特異点**という．

なお，特異点のために拡張された接線の定義もあり，この場合は一つの点に 2 本以上の接線が存在し得る．C_f が原点を通る場合，すなわち $f(0,0)=0$ の場合は，f の 1 次式の成分があれば原点は C_f の特異点ではないが，これが 0 の場合は原点が C_f の特異点となる．f の次数の最も小さい 0 でない斉次成分を f_d とすると，f_d は d 個の 1 次斉次式の積に分解される．これらの 1 次式で定義される直線が拡張された意味での原点での接線である．方程式 $f=0$ を原点の近傍で考える場合，この f_d を f の**主要部**という．

特異点をもつ曲線の例としては，

$$y^2 - x^2 - x^3 = 0 \tag{4.11}$$

で定義される曲線は原点で**通常 2 重点**をもち（図 4.2 参照），曲線

$$y^2 - x^3 = 0 \tag{4.12}$$

は原点で**尖点**と呼ばれる特異点をもつ（図 4.3 参照）．これらの特異点の呼び方は $\boldsymbol{R}^2$ にグラフを描いてみると意味がわかる．

しかし，$\boldsymbol{R}^2$ に書いたグラフでは特異性がわからない場合もある．たとえば，

$$f = x^3 + y^3 - x^2y^2 \tag{4.13}$$

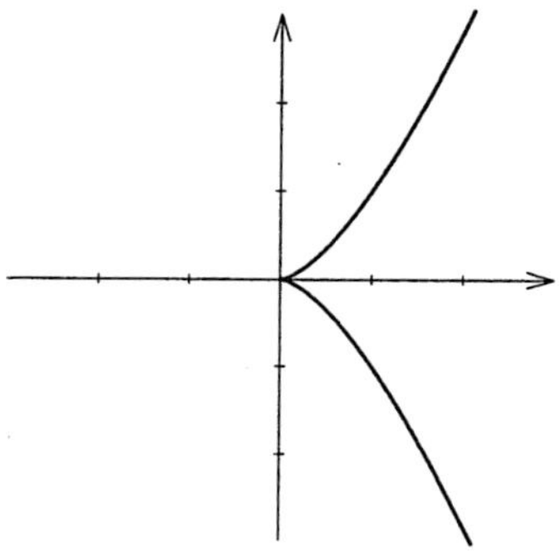

図 **4.3**　原点で尖点をもつ曲線：$y^2 - x^3 = 0$

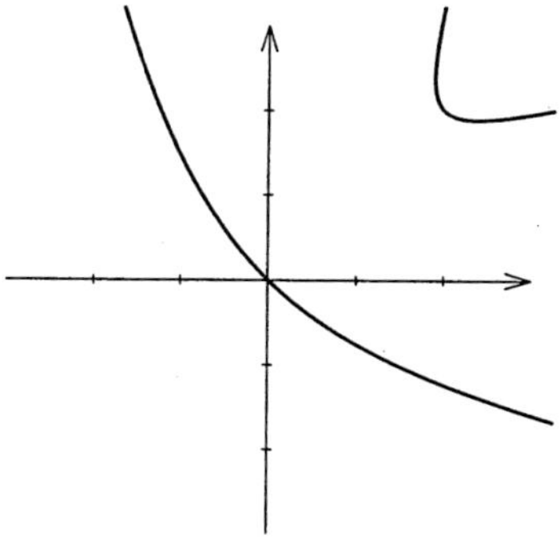

図 **4.4**　原点で「見えない」特異点をもつ曲線：$x^3 + y^3 - x^2y^2 = 0$

で定義される曲線 $C_f \subset \boldsymbol{C}^2$ は原点で特異点をもつが，そのグラフは $\boldsymbol{R}^2$ の原点でなめらかな曲線となっている（図 4.4 参照）．実際，この曲線の原点での接線を考えてみると，

$$f_3 = x^3 + y^3 = (x+y)(x^2 - xy + y^2) \tag{4.14}$$

が主要部なので接線は 3 本あるが，直線 $x + y = 0$ 以外は $\boldsymbol{R}^2$ には現れない．曲線のグラフを $\boldsymbol{R}^2$ で描いた場合，原点ではこの接線の部分しか見えないのでなめらかである．

しかし，この説明は直感的すぎると思われるので，もう少し詳しくこの曲線をみてみよう．ここで代数的トーラスの座標変換が有効となる．$T = \{(x, y) \in$

$\boldsymbol{C}^2\,;x,y\neq 0\}$ として，

$$s = x^{-1}y$$
$$t = x^{-1}y^2$$

と座標変換を行う．逆変換は

$$x = s^{-2}t$$
$$y = s^{-1}t$$

である．

$$f = x^3 + x^3s^3 - x^3t = x^3(1+s^3-t) \tag{4.15}$$

となるが，$x\neq 0$ であるから，曲線 C_f は T では座標系 (s,t) での方程式 $g := 1+s^3-t = 0$ で定まる曲線と同じとなる．したがって，$C_f\cap T$ は 3 次関数 $t = s^3+1$ のグラフと考えることができる．

座標変換の形から，x,y がともに 0 でない実数となるのは s,t が 0 でない実数の場合である．そこで $\boldsymbol{R}^\times = \boldsymbol{R}\setminus\{0\}$ とすれば，座標 (x,y) について

$$C_f\cap(\boldsymbol{R}^\times)^2 = \{((s^3+1)/s^2, (s^3+1)/s)\,;\,s\neq -1,0\}$$

がわかる．これを座標 (x,y) についての $C_f\cap\boldsymbol{R}^2$ に拡張したいが，C_f の点 P の x 座標または y 座標が 0 であるのは $P=(0,0)$ に限るので，

$$C_f\cap\boldsymbol{R}^2 = \left\{\left(\frac{s^3+1}{s^2}, \frac{s^3+1}{s}\right)\,;\,s\neq 0\right\}$$

がわかる．すなわち，これで実曲線 $C_f\cap\boldsymbol{R}^2$ の $s=y/x$ $(s\neq 0)$ によるパラメーター表示が得られたことになる．この表示について

$$\left(\frac{dx}{ds}, \frac{dy}{ds}\right) = \left(\frac{s^3-2}{s^3}, \frac{2s^3-1}{s^2}\right)$$

であるから，原点を通過する $s=-1$ の近傍も含めてなめらかな曲線であることがわかる．図 4.4 に $C_f\cap\boldsymbol{R}^2$ の原点の近くの様子を示した．

別の例もみてみよう．次の二つの多項式

$$f(x,y) = x + y^2 + x^2y^3 \tag{4.16}$$

と

$$g(x,y) = x^2 + y^3 + x^3y = 0 \tag{4.17}$$

について，これらによって定まる平面代数曲線を考えてみる．f と g による代数曲線をそれぞれ C_f と C_g とする．

C_f と C_g が特異点をもつかどうか調べてみる．C_f が (x_0, y_0) で特異点をもつとすると，

$$\begin{cases} \partial_x f(x_0, y_0) = 1 + 2x_0 y_0^3 = 0 \\ \partial_y f(x_0, y_0) = y_0(2 + 3x_0^2 y_0) = 0 \end{cases} \tag{4.18}$$

となる．$y = 0$ では $\partial_x f = 1$ なので，$y_0 \neq 0$ であり，$2 + 3x_0^2 y_0 = 0$ となる．

$$0 = 4f(x_0, y_0) - 2y_0^2(2 + 3x_0^2 y_0) + x_0 \partial_x f(x_0, y_0) = 5x_0 \tag{4.19}$$

と計算できるので $x_0 = 0$ となるが，$y_0 \neq 0$ より $f(x_0, y_0) = y_0^2 \neq 0$ となり矛盾する．したがって，C_f は非特異曲線である．一方，g には 1 次の項がないので C_g は原点で特異点をもつ．

したがって，平面代数曲線 C_f と C_g は性質の異なるものである．しかし，これらの曲線を次のような変換で結びつけることができる．

f の変数を $s = xy, t = x$, すなわち $x = t, y = st^{-1}$ と変換してみると

$$t + s^2 t^{-2} + s^3 t^{-1} \tag{4.20}$$

となり，これに t^2 をかけると

$$s^2 + t^3 + s^3 t \tag{4.21}$$

となって，変数は違うが g と同じ形になる．

これは何を意味しているのかという疑問は，$\boldsymbol{C}^2$ を代数的トーラス $T = (\boldsymbol{C}^\times)^2$ に取り替えると解決する．$x = t, y = st^{-1}$ という変数変換は，T の行列

$$\begin{bmatrix} 0 & 1 \\ 1 & -1 \end{bmatrix}$$

による座標変換に他ならない．したがって，二つの曲線 C_f と C_g は $T = (\boldsymbol{C}^\times)^2$ では座標変換を行うだけで同じ代数曲線となる．

4.4 代数曲線のニュートン多角形

普通に定義される多項式の各項は，各変数についての指数は 0 以上であるが，代数的トーラスで方程式を考える場合は指数が負となる項も含む多項式も考えた方が便利である．$t_1, \ldots, t_r$ を変数とするとき，指数として負の整数も許す多項式を $t_1, \ldots, t_r$ についての**ローラン多項式**と呼ぶ．

$(t_1,\ldots,t_r)$ を座標とする代数的トーラスの指標群 M を使えば，ローラン多項式 f は，有限個の元 $x_1,\ldots,x_s \in M$ と複素数 $a_1,\ldots,a_s$ により

$$f = a_1\boldsymbol{e}(x_1) + \cdots + a_r\boldsymbol{e}(x_r)$$

と書ける．これら $a_1,\ldots,a_s$ がすべて 0 でないとしたとき，有限集合 $\{x_1,\ldots,x_s\}$ の実空間 $M_{\boldsymbol{R}} \simeq \boldsymbol{R}^r$ での凸包を f の**ニュートン多面体**という．f のニュートン多面体を $\square(f)$ と書くことにする.「□」は読み方に困るが，一応「スクエア」と読むことにする．もちろん $\square(f)$ はさまざまな形の凸多面体となる．$\square(f)$ の頂点集合は $\{x_1,\ldots,x_s\}$ の部分集合である．

$f=0$ でなければ $\square(f)$ は空ではないが，次元が r より低い $M_{\boldsymbol{R}}$ の部分アフィン空間に含まれることはよく起こる．

ローラン多項式 f について，方程式 $f=0$ を代数的トーラス T で考えるとする．任意の $x_0 \in M$ について，$\boldsymbol{e}(x_0)$ は T でまたっく 0 にならない正則関数であるから，方程式 $\boldsymbol{e}(x_0)f=0$ は $f=0$ と同等である．一方，$f = a_1\boldsymbol{e}(x_1) + \cdots + a_r\boldsymbol{e}(x_r)$ であれば

$$\boldsymbol{e}(x_0)f = a_1\boldsymbol{e}(x_0+x_1) + \cdots + a_r\boldsymbol{e}(x_0+x_r)$$

であるので，$\square(\boldsymbol{e}(x_0)f) = \square(f) + x_0$ となる．すなわち，方程式のこのような書き換えにより，ニュートン多面体を任意の整ベクトルで平行移動させることができる．これにより例えば，M の座標系が決まっている場合，ニュートン多面体を第一象限に移動させることができるし，またニュートン多面体の一つの頂点を原点にすることもできる．

さて，$\square(f)$ の頂点の一つが原点にあるとして，その他の頂点で生成される $M_{\boldsymbol{R}}$ の部分空間 H の次元を d とする．$M \cap H$ の基底をとったあと，それを M の基底に拡張することにより，M の基底 $\{m_1,\ldots,m_r\}$ を $\{m_1,\ldots,m_d\}$ が $M \cap H$ の基底となるようにとれる．このとき $t_i := \boldsymbol{e}(m_i)$ $(i=1,\ldots,r)$ とすると，$\square(f) \subset H$ であるから，f は $t_1,\ldots,t_d$ についてのローラン多項式となる．したがって，方程式 $f=0$ の $T=(\boldsymbol{C}^{\times})^r$ での解の集合は，$(\boldsymbol{C}^{\times})^d$ での $f=0$ の解の集合と $(\boldsymbol{C}^{\times})^{r-d}$ の直積となる．これは方程式についての問題が，d 個の変数の方程式に帰着されたと考えることができる．逆に言えば，d はニュートン多面体 $\square(f)$ の次元であるから，この方法で少ない変数の方程式に帰着できない，$\square(f)$ の次元が $d=r$ の場合を考えることが重要となる．

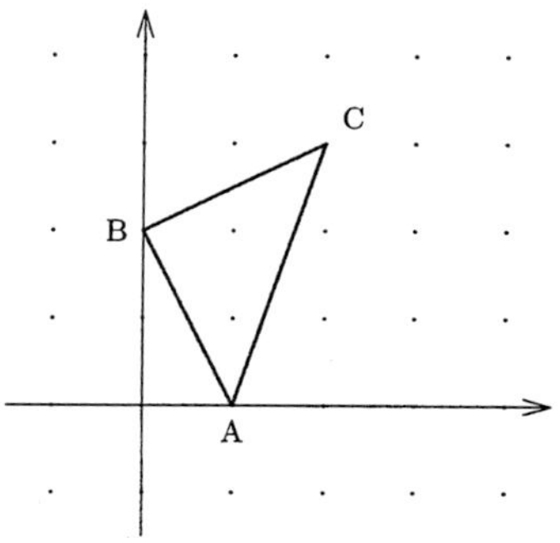

図 **4.5** ニュートン多角形：$f = x + y^2 + x^2y^3$

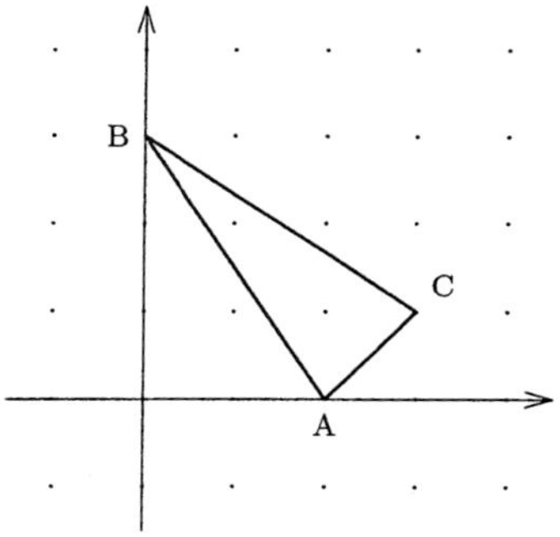

図 **4.6** ニュートン多角形：$g = x^2 + y^3 + x^3y$

$r = 2$ で □(f) の次元も 2 となる場合を考えてみよう．

前節の最後に取り上げた $f = x + y^2 + x^2y^3$ と $g = x^2 + y^3 + x^3y$ の場合，□(f) はそれぞれ図 4.5 と図 4.6 の三角形になる．

前節でこれら二つの方程式が代数的トーラスの座標変換により同等になることをみたが，これは図形的には格子点集合を保つ $M_{\boldsymbol{R}} = \boldsymbol{R}^2$ の線形変換と平行移動により，図 4.5 の三角形が図 4.6 の三角形に移動できることに対応している．なお，どちらの三角形も内部に格子点が 2 点あることに気づくであろう．ここで詳しい説明はできないが，一般に代数曲線には種数と呼ばれる 0 以上の整数が定まる．実はこの三角形の内部にある点の数は，この方程式で定義される代数曲線の種数となっている．種数 0 の代数曲線は有理曲線と呼ばれるもの

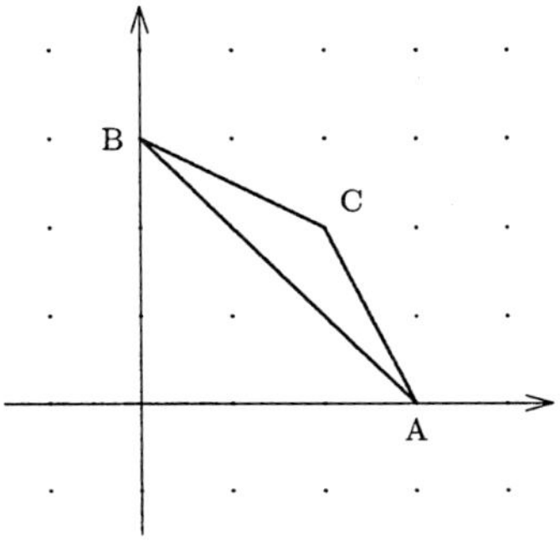

図 4.7 ニュートン多角形：$f = x^3 + y^3 - x^2y^2$

であるが，ここであげた f や g で定義された代数曲線は種数が 2 であり，有理曲線ではない．

これも前節で調べた方程式 $x^3 + y^3 - x^2y^2 = 0$ の場合は，ニュートン多角形は図 4.7 のようになる．この場合は，図をみればわかるように，この方程式できまる代数曲線の種数は 0 となる．つまり，この代数曲線（図 4.4 参照）は有理曲線である．

5

扇の多様体化

2 章と 3 章では錐体の集合である扇だけを使って，トーリック多様体の代数幾何学と同等の理論を展開した．この章では，複素数体上の代数多様体の定義から始めて，扇から実際の代数多様体であるトーリック多様体を構成する．

5.1 アフィン代数多様体

n を正の整数とする．$(x_1, \ldots, x_n)$ を複素空間 $\boldsymbol{C}^n$ の座標とすると，$x_1, \ldots, x_n$ を変数とする多項式 $f(x_1, \ldots, x_n)$ は $(a_1, \ldots, a_n) \in \boldsymbol{C}^n$ に対して $f(a_1, \ldots, a_n)$ を対応させる $\boldsymbol{C}^n$ 上の関数と考えられる．$\boldsymbol{C}^n$ もこれから述べるアフィン代数多様体の一つであるが，代数多様体としての $\boldsymbol{C}^n$ の正則関数はこのように多項式から定義される関数のことである．複素解析的な意味での正則関数は，領域の各点の近傍で (4.1) のようにテイラー展開できる複素関数のことであるが，代数幾何学での正則関数はこのように限定されたものになる．

記号を簡単にするために，多項式 $f(x_1, \ldots, x_n)$ を $f(x)$ あるいは単に f と書き，点 $a = (a_1, \ldots, a_n) \in \boldsymbol{C}^n$ について $f(a_1, \ldots, a_n)$ を $f(a)$ と書くことにする．

部分集合 $S \subset \boldsymbol{C}^n$ に対して

$$\boldsymbol{I}(S) := \{f \in \boldsymbol{C}[x_1, \ldots, x_n]\ ;\ f(v) = 0, \forall v \in S\} \tag{5.1}$$

と定義する．

任意の S について $\boldsymbol{I}(S)$ が多項式環 $\boldsymbol{C}[x_1, \ldots, x_n]$ のイデアルとなっていることを確認しよう．まず，$\boldsymbol{I}(S)$ は 0 を含み空でない．さらに，$f, g \in \boldsymbol{I}(S)$ とすると，$v \in S$ に対して $(f+g)(v) = f(v) + g(v) = 0$ であるから $f + g \in \boldsymbol{I}(S)$ である．また，$f \in \boldsymbol{I}(S)$ かつ $h \in \boldsymbol{C}[x_1, \ldots, x_n]$ であれば，$v \in S$ に対して

$(fh)(v) = f(v)h(v) = 0$ より $fh \in \boldsymbol{I}(S)$ となる．したがって $\boldsymbol{I}(S)$ はイデアルである．ヒルベルトの基底定理（文献参照）により多項式環 $\boldsymbol{C}[x_1, \ldots, x_n]$ はネーター環であるから，$\boldsymbol{I}(S)$ は有限個の多項式で生成されたイデアルである．$\boldsymbol{C}^n$ の部分集合 S, S' に $S \subset S'$ の関係があれば，明らかに $\boldsymbol{I}(S') \subset \boldsymbol{I}(S)$ となる．

逆に，E を $\boldsymbol{C}[x_1, \ldots, x_n]$ の部分集合とするとき

$$\boldsymbol{V}(E) := \{v \in \boldsymbol{C}^n \,;\, f(v) = 0, \forall f \in E\} \tag{5.2}$$

と定義する．E が有限集合 $\{f_1, \ldots, f_d\}$ であれば，$\boldsymbol{V}(E)$ は

$$f_1(v) = \cdots = f_d(v) = 0$$

となる点 $v \in \boldsymbol{C}^n$ 全体である．また，$E \subset E'$ であれば $\boldsymbol{V}(E') \subset \boldsymbol{V}(E)$ となることも明らかである．

ただし，(5.1) や (5.2) は集合論的に定義しただけであって，具体的に S や E が与えられたときに，右辺をどう求めてどう表記するかは別問題である．

I を E で生成される $\boldsymbol{C}[x_1, \ldots, x_n]$ のイデアルとすると，$\boldsymbol{V}(I) = \boldsymbol{V}(E)$ であることが容易にわかる．E が有限集合でない場合でも，I を E で生成されるイデアルとして，このイデアルの有限な生成系 $\{f_1, \ldots, f_d\}$ をとれば，

$$\boldsymbol{V}(E) = \boldsymbol{V}(I) = \boldsymbol{V}(\{f_1, \ldots, f_d\})$$

となり，$\boldsymbol{V}(E)$ は $\boldsymbol{V}(\{f_1, \ldots, f_d\})$ に等しいことがわかる．

ある有限集合 $E = \{f_1, \ldots, f_d\}$ について $V = \boldsymbol{V}(E)$ となる $\boldsymbol{C}^n$ の部分集合 V を $\boldsymbol{C}^n$ の**代数的集合**という．このとき明らかに $E \subset \boldsymbol{I}(V)$ であり，$V \supset \boldsymbol{V}(\boldsymbol{I}(V))$ となるが，$S \subset \boldsymbol{V}(\boldsymbol{I}(S))$ は常に成り立つので，代数的集合 V については $V = \boldsymbol{V}(\boldsymbol{I}(V))$ となる．

V が代数的集合であって $\boldsymbol{I}(V)$ が素イデアルとなるとき，V を**アフィン代数多様体**といい $\boldsymbol{I}(V)$ をその**定義イデアル**という．ただし，V が $V = \boldsymbol{V}(E)$ という形で与えられていても，$\boldsymbol{I}(V)$ あるいはその生成系を求めることは簡単とは限らない．さらに多項式の有限集合を与えたときに，これで生成されるイデアルが素イデアルかどうかを判定するのも容易でないことが多い．

$V \subset \boldsymbol{C}^n$ をアフィン代数多様体とする．この節の最初に述べたように $\boldsymbol{C}^n$ の正則関数全体は $\boldsymbol{C}[x_1, \ldots, x_n]$ である．$\boldsymbol{C}[x_1, \ldots, x_n]$ の各元 f は $\boldsymbol{C}^n$ の関数

であるから，その制限として部分集合である V の関数を定義する．これを $f|V$ と書くことにする．アフィン代数多様体 V の正則関数は，ある多項式 f により $f|V$ となる関数として定義される．$f, g \in \boldsymbol{C}[x_1, \ldots, x_n]$ について $f|V = g|V$ となるための必要十分条件は $f - g \in \boldsymbol{I}(V)$ であることが $\boldsymbol{I}(V)$ の定義からわかる．したがって，V の正則関数全体は剰余環 $A(V) := \boldsymbol{C}[x_1, \ldots, x_n]/\boldsymbol{I}(V)$ と自然に同一視される．$A(V)$ を V の**座標環**という．$\boldsymbol{I}(V)$ は素イデアルだったので $A(V)$ は整域である．$A(V)$ の商体を V の**関数体**という．

$\boldsymbol{C}^n$ 自身は零イデアル $\{0\}$ で生成されたアフィン代数多様体であり，座標環は $\boldsymbol{C}[x_1, \ldots, x_n]$ となる．

V をアフィン代数多様体とする．複素数体 $\boldsymbol{C}$ は $\boldsymbol{C}[x_1, \ldots, x_n]$ に定数の集まりとして含まれているが，V を定める素イデアルとは $\{0\}$ でしか交わらないので，自然に $\boldsymbol{C} \subset A(V)$ と考えられる．可換環 $A = A(V)$ の $\boldsymbol{C}$ **値点**とは，可換環の準同型 $y : A \to \boldsymbol{C}$ であって $\boldsymbol{C}$ への制限が恒等写像となるものとする．各点 $v \in V$ と $f \in A$ について $\tilde{v}(f) := f(v)$ と定義すれば，$\tilde{v}$ は A の $\boldsymbol{C}$ 値点となる．

定理 5.1.1　対応 $v \mapsto \tilde{v}$ は V から $A(V)$ の $\boldsymbol{C}$ 値点全体の集合への全単射である．

証明　まず単射性を示す．u と v が V の相異なる点であれば，$\boldsymbol{C}^n$ の点としても異なるので，ある座標 x_i が異なる．$\bar{x}_i$ を x_i の $A(V)$ への像とすると

$$\tilde{u}(\bar{x}_i) = x_i(u) \neq x_i(v) = \tilde{v}(\bar{x}_i)$$

となる．したがって，この対応は単射である．

次に全射を示す．$y : A \to \boldsymbol{C}$ を $\boldsymbol{C}$ 値点とする．自然な全射 $\phi : \boldsymbol{C}[x_1, \ldots, x_n] \to A$ と y の合成写像を考えて，

$$a_i := y(\phi(x_i)) = y(\bar{x}_i) \ (i = 1, \ldots, n)$$

とおく．ϕ と y は可換環の準同型なので，任意の $f \in \boldsymbol{C}[x_1, \ldots, x_n]$ について

$$y(\phi(f(x_1, \ldots, x_n))) = f(a_1, \ldots, a_n)$$

となる．もし $f \in \boldsymbol{I}(V)$ であれば $\operatorname{Ker}\phi = \boldsymbol{I}(V)$ より $\phi(f) = 0$ となり，$f(a_1, \ldots, a_n) = 0$ がわかる．したがって $v = (a_1, \ldots, a_n)$ は V の点である．

$\bar{x}_i = \phi(x_i)$ であるから，

$$\tilde{v}(\bar{x}_i) = a_i \ (i = 1, \ldots, n)$$

であり，$\{\bar{x}_i \, ; i = 1, \ldots, n\}$ が $\boldsymbol{C}$ を含む環 A を生成しているので $\tilde{v} = y$ となる．よって，この対応が全射であることがわかる． 証明終わり

α をアフィン代数多様体 V の座標環 $A(V)$ の $\boldsymbol{C}$ 値点とすると，$A(V)/\operatorname{Ker}\alpha \simeq \boldsymbol{C}$ であるから $\operatorname{Ker}\alpha$ は $A(V)$ の極大イデアルである．

代数幾何学の初歩的で重要な定理である**ヒルベルトの零点定理**にはいろいろな表現方法があるが，次の定理はその一つである（文献参照）．証明を行うと長くなるので省略する．可換環の整拡大などについての知識があれば証明は簡単であるが，そのような人はこの定理も知っているだろう．

定理 5.1.2 A を代数的閉体 k 上有限生成の可換環とする．P を A の極大イデアルとすると，自然な準同型 $k \to A/P$ は同型である．

$k = \boldsymbol{C}$ で $A = A(V)$ の場合を考えれば，$A(V)$ の極大イデアル P に対して，自然な全射 $A(V) \to A(V)/P$ とこの定理による同型 $A(V)/P \simeq \boldsymbol{C}$ の合成で $\boldsymbol{C}$ 値点が得られる．定理 5.1.1 と考え合わせると，点集合としての V と $A(V)$ の極大イデアル全体が，一対一に対応することがわかる．

$\boldsymbol{C}$ を含む整域 A が $\{u_1, \ldots, u_n\}$ で生成されているとすると，

$$f(x_1, \ldots, x_n) \mapsto f(u_1, \ldots, u_n)$$

で定義される準同型 $\phi : \boldsymbol{C}[x_1, \ldots, x_n] \to A$ は全射である．準同型定理により，A は剰余環 $\boldsymbol{C}[x_1, \ldots, x_n]/\operatorname{Ker}\phi$ に同型である．$\operatorname{Ker}\phi$ は素イデアルであるから，次の命題により $\boldsymbol{C}$ 上有限生成の整域はあるアフィン代数多様体の座標環に同型となることがわかる．

命題 5.1.3 $I \subset \boldsymbol{C}[x_1, \ldots, x_n]$ を素イデアルとすると，$\boldsymbol{I}(\boldsymbol{V}(I)) = I$ となる．特に，$\boldsymbol{C}[x_1, \ldots, x_n]/I$ はアフィン代数多様体 $\boldsymbol{V}(I)$ の座標環となる．

証明 $\boldsymbol{I}(\boldsymbol{V}(I)) \supset I$ は任意のイデアルで成立する．

$f \notin I$ であれば，ある $x \in \boldsymbol{V}(I)$ で $f(x) \neq 0$ となることを示せばよい．$B := \boldsymbol{C}[x_1, \ldots, x_n]$ とする．$1 = a/f^m \in IB[f^{-1}]$ であれば $a = f^m \in I$ となるが，

これは I が素イデアルであることに反する．したがって，$IB[f^{-1}] \neq B[f^{-1}]$ である．P' を $IB[f^{-1}]$ を含む $B[f^{-1}]$ の極大イデアルとする．$P := P' \cap B$ とおくと，定理 5.1.2 により

$$\boldsymbol{C} \simeq B[f^{-1}]/P' \supset B/P$$

であるから，P は I を含む B の極大イデアルである．$x \in \boldsymbol{V}(I)$ を P に対応する点とすると，f は P に含まれないので $f(x) \neq 0$ となる．　証明終わり

n 次元複素空間から m 次元複素空間への**多項式写像** $F : \boldsymbol{C}^n \to \boldsymbol{C}^m$ とは，m 個の多項式 $f_1, \ldots, f_m \in \boldsymbol{C}[x_1, \ldots, x_n]$ により

$$F(x_1, \ldots, x_n) := (f_1(x_1, \ldots, x_n), \ldots, f_m(x_1, \ldots, x_n))$$

となる写像である．このことを $F = (f_1, \ldots, f_m)$ と書くことにする．この多項式写像が代数多様体としての $\boldsymbol{C}^n$ から $\boldsymbol{C}^m$ への正則写像である．

一般に $V \subset \boldsymbol{C}^n$ および $W \subset \boldsymbol{C}^m$ をアフィン代数多様体とすると，V から W への**正則写像** $f : V \to W$ は，ある多項式写像 $F : \boldsymbol{C}^n \to \boldsymbol{C}^m$ の V への制限となっている写像と定義される．ただし，多項式写像 F のとり方は f に対して一意的とは限らない．$F = (f_1, \ldots, f_m)$ とし，可換環の準同型

$$\Phi : \boldsymbol{C}[y_1, \ldots, y_m] \longrightarrow \boldsymbol{C}[x_1, \ldots, x_n]$$

を $\Phi(g(y_1, \ldots, y_m)) := g(f_1, \ldots, f_m)$ により定義する．これは $\boldsymbol{C}^m$ の多項式関数を F と合成して $\boldsymbol{C}^n$ の関数をつくる対応であることがわかる．g を W を定義するイデアル $\boldsymbol{I}(W)$ の元とし，v を V の点とすると，$F(v) = (f_1(v), \ldots, f_m(v)) \in W$ であることから

$$\Phi(g)(v) = g(f_1(v), \ldots, f_m(v)) = 0$$

となる．v は V の任意の点であるから $\Phi(g) \in \boldsymbol{I}(V)$ がわかる．すなわち，準同型 Φ によりイデアル $\boldsymbol{I}(W)$ は $\boldsymbol{I}(V)$ の中に移されることがわかる．これから得られる剰余環の準同型 $\phi : A(W) \to A(V)$ は W の正則関数を f と合成して V の関数をつくる対応である．特に ϕ は F の取り方によらず正則写像 f だけで決まることがわかる．

さらに逆向きの正則写像 $g : W \to V$ が存在して $g \cdot f$ および $f \cdot g$ がともに恒等写像となるとき，この f および g をアフィン代数多様体の**同型写像**とい

う．これらが同型写像であれば，座標環の準同型 $\phi: A(W) \to A(V)$ が可換環の同型となることは明らかである．

逆に，アフィン代数多様体の座標環の準同型 $\phi: A(W) \to A(V)$ が存在したとき，この準同型を引き起こす正則写像 $f: V \to W$ を構成することができて，ϕ が同型である場合は f も同型となることが容易に確かめられる．このことからアフィン代数多様体の同型を考える場合，その座標環の $\boldsymbol{C}$ を含む可換環としての同型を考えればよいことがわかる．

先に $\boldsymbol{C}$ 上有限生成の整域 A が与えられた場合を考えると，命題 5.1.3 により，A はあるアフィン代数多様体 V の座標環に同型となる．点集合としての V を A から知るためには，あらためて V を複素空間 $\boldsymbol{C}^n$ の中に実現しなくても，定理 5.1.1 により，A の $\boldsymbol{C}$ 値点全体を考えればよい．このことは一般には形式論にすぎないが，あとで述べるアフィントーリック多様体の場合は非常に有効な手段となる．

一般論としてアフィン代数多様体を考える場合は，複素空間 $\boldsymbol{C}^n$ の部分集合として考え始めるより，その座標環である可換環から考え始めた方が都合がよいことが多い．本書では紹介しないが，代数幾何学の記述法として標準的なスキーム理論は，可換環から出発して代数多様体の理論を組み立てる方法をとる．

V をアフィン代数多様体とし，$A(V)$ をその座標環とする．V の**次元** $\dim V$ は $A(V)$ の商体の $\boldsymbol{C}$ 上の超越次数（文献参照）として定義される．この次元については，つぎの**ネーターの正規化定理**によりその意味がよくわかる．定理の証明は省略する（文献参照）．

定理 5.1.4 $V \subset \boldsymbol{C}^n$ をアフィン代数多様体とし，その次元を d とする．$\boldsymbol{C}^d$ を d 次元複素空間とすると，全射線形写像 $f': \boldsymbol{C}^n \to \boldsymbol{C}^d$ が存在して，f' の V への制限 f が V から $\boldsymbol{C}^d$ への全射有限写像となる．すなわち，$(y_1, \ldots, y_d)$ を $\boldsymbol{C}^d$ の座標系とすると，f に対応する座標環の準同型

$$\boldsymbol{C}[y_1, \ldots, y_d] \longrightarrow A(V)$$

は単射で，$A(V)$ は有限生成 $\boldsymbol{C}[y_1, \ldots, y_d]$ 加群となる．

この全射有限写像の幾何学的意味を詳しく説明する余裕はないが，次の性質をもつ．$\boldsymbol{C}^d$ の各点の V への引き戻しは有限個の点で，$\boldsymbol{C}^d$ の任意のコンパク

トな部分集合 K の引き戻し $f^{-1}(K)$ は V でコンパクトである．

5.2 アフィン半群環

M を階数有限の自由 $\boldsymbol{Z}$ 加群とする．この節で考える半群は，すべて M の部分半群で 0 を含むものとする．1 章と同様に，0 以上の整数全体を $\boldsymbol{Z}_0$ と書く．

$\mathcal{S} \subset M$ を半群とする．$\{\boldsymbol{e}(m)\,;\, m \in \mathcal{S}\}$ を不定元の集合とし，これを基底とする $\boldsymbol{C}$ ベクトル空間を $\boldsymbol{C}[\mathcal{S}]$ と書く．したがって，$\boldsymbol{C}[\mathcal{S}]$ の一般の元 f は，有限個の元 $m_1, \ldots, m_s \in \mathcal{S}$ と複素数 $c_1, \ldots, c_s$ により

$$f = c_1\boldsymbol{e}(m_1) + \cdots + c_s\boldsymbol{e}(m_s)$$

と書ける．これを $f = \sum_{m\in\mathcal{S}} c_m\boldsymbol{e}(m)$ のように表記する場合もあるが，この場合は有限個の m を除いて $c_m = 0$ である．

$\boldsymbol{C}[\mathcal{S}]$ の元について積を次のように定義する．$m, m' \in \mathcal{S}$ について，$\boldsymbol{e}(m)$ と $\boldsymbol{e}(m')$ の積は

$$\boldsymbol{e}(m)\boldsymbol{e}(m') := \boldsymbol{e}(m + m') \in \boldsymbol{C}[\mathcal{S}]$$

と定義する．$\boldsymbol{C}[\mathcal{S}]$ の一般の元については，これを双線形に拡張して

$$\left(\sum_{m\in\mathcal{S}} c_m\boldsymbol{e}(m)\right)\left(\sum_{m'\in\mathcal{S}} d_{m'}\boldsymbol{e}(m')\right) = \sum_{m''\in\mathcal{S}}\left(\sum_{m+m'=m''} c_m d_{m'}\right)\boldsymbol{e}(m'')$$

と積を定義する．これにより，$\boldsymbol{C}[\mathcal{S}]$ は可換環となる．$\boldsymbol{e}(0)$ はこの可換環の乗法の単位元 1 に等しい．$\boldsymbol{C}[\mathcal{S}]$ は半群 $\mathcal{S}$ による**半群環**と呼ばれる．$\{\boldsymbol{e}(m)\,;\, m \in \mathcal{S}\}$ の各元を $\boldsymbol{C}[\mathcal{S}]$ の**単項式**と呼ぶ．

例 5.2.1 r を非負の整数とし $M = \boldsymbol{Z}^r$ とする．$\{v_1, \ldots, v_r\}$ を M の標準基底とする．

(1) $\mathcal{S} = \boldsymbol{Z}_0^r$ の場合，$\mathcal{S}$ の任意の元 m は一意的に決まる r 個の非負整数 $a_1, \ldots, a_r$ により，$m = a_1v_1 + \cdots + a_rv_r$ となる．したがって，半群環 $\boldsymbol{C}[\mathcal{S}]$ では，この m について

$$\boldsymbol{e}(m) = \boldsymbol{e}(v_1)^{a_1} \cdots \boldsymbol{e}(v_r)^{a_r}$$

となる．$\boldsymbol{C}[\mathcal{S}]$ の任意の元は，このような単項式の 1 次結合として一意的に書

けることになる．$t_i := \boldsymbol{e}(v_i)$ $(i = 1, \ldots, r)$ とおけば，$\boldsymbol{C}[\mathcal{S}]$ は r 変数の多項式環 $\boldsymbol{C}[t_1, \ldots, t_r]$ に等しいことがわかる．

(2) $\mathcal{S} = M$ の場合は群環 $\boldsymbol{C}[M]$ が得られる．任意の元 $m \in M$ は r 個の整数 $a_1, \ldots, a_r$ により $m = a_1 v_1 + \cdots + a_r v_r$ と一意的に書ける．(1) と同様に $t_i := \boldsymbol{e}(v_i)$ $(i = 1, \ldots, r)$ とおけば，$\boldsymbol{C}[M]$ は $t_1, \ldots, t_r$ の負ベキも許す多項式（ローラン多項式）全体に等しいことがわかる．すなわち

$$\boldsymbol{C}[M] = \boldsymbol{C}[t_1, \ldots, t_r, t_1^{-1}, \ldots, t_r^{-1}]$$

である．特に $\boldsymbol{C}[M]$ は多項式環 $\boldsymbol{C}[t_1, \ldots, t_r]$ の商体に含まれるので整域である．また，任意の部分半群 $\mathcal{S} \subset M$ について $\boldsymbol{C}[\mathcal{S}]$ は自然に $\boldsymbol{C}[M]$ の部分環となるので，これも整域である．

部分半群 $\mathcal{S} \subset M$ が有限生成であると仮定する．すなわち，有限個の元 $m_1, \ldots, m_s \in \mathcal{S}$ が存在して，$\mathcal{S}$ の任意の元 m はある非負整数 $a_1, \ldots, a_s$ により

$$m = a_1 m_1 + \cdots + a_s m_s$$

と表されるとする．このとき

$$\boldsymbol{e}(m) = \boldsymbol{e}(m_1)^{a_1} \cdots \boldsymbol{e}(m_s)^{a_s}$$

となるので，半群環 $\boldsymbol{C}[\mathcal{S}]$ は $\boldsymbol{C}$ 上有限個の元 $\boldsymbol{e}(m_1), \ldots, \boldsymbol{e}(m_s)$ で生成されている．したがって，この場合 $\boldsymbol{C}[\mathcal{S}]$ はヒルベルトの基底定理によりネーター整域となる．

例 5.2.2 (1) $M = \boldsymbol{Z}$ とする．この場合は M の部分半群はいつも有限生成である．$\mathcal{S} \subset \boldsymbol{Z}_0$ で $\mathcal{S}$ が加群として $M = \boldsymbol{Z}$ を生成しているとしても，$\mathcal{S}$ の例は無限に存在する．このうち，$\mathcal{S}$ が $\{3, 4, 5\}$ や $\{3, 5, 7\}$ のような三つの元で生成される場合は，$\boldsymbol{C}[\mathcal{S}]$ に対応するアフィン代数多様体として $\boldsymbol{C}^3$ の中の代数曲線が得られる．これらは原点で尖点をもつ代数曲線で，**空間単項式曲線**と呼ばれる．

(2) $M = \boldsymbol{Z}^2$ として，

$$\mathcal{S} = \{(a, b) \in \boldsymbol{Z}^2 \,;\, a \geqq 0, b > 0\} \cup \{(0, 0)\}$$

とおくと，任意の $a \geqq 0$ について，$m = (a, 1)$ に対応する単項式 $\boldsymbol{e}(m)$ は他の 1 以外の単項式の積にならない．特に，$\boldsymbol{C}[\mathcal{S}]$ は有限生成ではない．

m_0 を $\mathcal{S}$ の元として，局所化 $\boldsymbol{C}[\mathcal{S}][\boldsymbol{e}(m_0)^{-1}]$ を考える．正確には，整域 $\boldsymbol{C}[\mathcal{S}]$ の積閉集合 $\{1, \boldsymbol{e}(m_0), \boldsymbol{e}(m_0)^2, \ldots\}$ による局所化である．$\boldsymbol{C}[\mathcal{S}]$ は整域 $\boldsymbol{C}[M]$ の部分環で，$\boldsymbol{C}[M]$ では $\boldsymbol{e}(m_0)$ の逆元 $\boldsymbol{e}(-m_0)$ が存在するので，$\boldsymbol{C}[\mathcal{S}][\boldsymbol{e}(m_0)^{-1}]$ は $\boldsymbol{C}[\mathcal{S}]$ と $\boldsymbol{e}(-m_0)$ で生成される $\boldsymbol{C}[M]$ の部分環である．$m_1 \in \mathcal{S}$ と整数 $d \geqq 0$ について $\boldsymbol{e}(m_1)/\boldsymbol{e}(m_0)^d = \boldsymbol{e}(m_1 - dm_0)$ であるから，この部分環は

$$\{\boldsymbol{e}(m)\,;\, m \in \mathcal{S} + \boldsymbol{Z}_0(-m_0)\}$$

でベクトル空間として生成されている．したがって，$\boldsymbol{C}[\mathcal{S}][\boldsymbol{e}(m_0)^{-1}]$ は M の部分半群 $\mathcal{S} + \boldsymbol{Z}_0(-m_0)$ による半群環 $\boldsymbol{C}[\mathcal{S} + \boldsymbol{Z}_0(-m_0)]$ に等しいことがわかる．

$\mathcal{S}$ で生成される $M_{\boldsymbol{R}}$ の錐体を $C(\mathcal{S})$ とする．$\mathcal{S}$ を有限生成と仮定しているので，$C(\mathcal{S})$ は有理凸多角錐体である．

定理 5.2.3 m_0 を半群 $\mathcal{S}$ の元とする．m_0 を含む $C(\mathcal{S})$ の最小の面が存在するので，これを C' とし，$\mathcal{S} \cap C'$ で生成される M の部分加群を M' とする．このとき

$$\mathcal{S} + \boldsymbol{Z}_0(-m_0) = \mathcal{S} + (-\mathcal{S} \cap C') = \mathcal{S} + M'$$

となる．ただし，$-\mathcal{S} \cap C'$ は $-(\mathcal{S} \cap C')$ を意味する．

証明 $\boldsymbol{Z}_0(-m_0) \subset (-\mathcal{S} \cap C') \subset M'$ であるから

$$\mathcal{S} + \boldsymbol{Z}_0(-m_0) \subset \mathcal{S} + (-\mathcal{S} \cap C') \subset \mathcal{S} + M'$$

は正しい．したがって $M' \subset \mathcal{S} + \boldsymbol{Z}_0(-m_0)$ を示せばよい．これには $M' \subset \mathcal{S} \cap C' + \boldsymbol{Z}_0(-m_0)$ であればよい．

以下で，$\mathcal{S}$ が M を生成していて m_0 が $C(\mathcal{S})$ の内部の点であると仮定し，このとき $M \subset \mathcal{S} + \boldsymbol{Z}_0(-m_0)$ となることを示す．一般の場合は，この場合の $\mathcal{S}$ を $\mathcal{S} \cap C'$ に置き換えて M を M' に置き換えれば正しいことがわかる．

$\bar{\mathcal{S}} = M \cap C(\mathcal{S})$ とおく．このとき，定理 1.3.7 により，有限個の元 $x_1, \ldots, x_p \in \bar{\mathcal{S}}$ が存在して

$$\bar{\mathcal{S}} = (x_1 + \mathcal{S}) \cup \cdots \cup (x_p + \mathcal{S})$$

となる．$M = \mathcal{S} + (-\mathcal{S})$ なので，各 i について $y_i, z_i \in \mathcal{S}$ が存在して $x_i = y_i - z_i$ $(i = 1, \ldots, p)$ となる．ここで $z := z_1 + \cdots + z_p$ とおくと，

$$z + x_i = (z - z_i) + y_i \in \mathcal{S} \quad (i = 1, \ldots, p)$$

より

$$z+\bar{S}=(z+x_1+\mathcal{S})\cup\cdots\cup(z+x_p+\mathcal{S})\subset\mathcal{S} \tag{5.3}$$

となる．

m を M の任意の元とする．$m_0\in\operatorname{int}C(\mathcal{S})$ であったから，$d>0$ を十分大きくとれば，$m-z+dm_0$ は $C(\mathcal{S})$ に含まれ $\bar{S}$ の元である．したがって $m+dm_0$ は $z+\bar{S}$ の元であり，(5.3) により $\mathcal{S}$ に含まれる．よって $m\in\mathcal{S}+\boldsymbol{Z}_0(-m_0)$ である．　　証明終わり

5.3　半群環の C 値点

$\mathcal{S}\subset M$ を有限生成の単位的半群とする．半群環 $\boldsymbol{C}[\mathcal{S}]$ の $\boldsymbol{C}$ 値点について考えてみよう．

$$y:\boldsymbol{C}[\mathcal{S}]\longrightarrow\boldsymbol{C}$$

を $\boldsymbol{C}$ 値点とする．y は可換環の準同型であるから，任意の $m,m'\in M$ について

$$y(\boldsymbol{e}(m+m'))=y(\boldsymbol{e}(m)\boldsymbol{e}(m'))=y(\boldsymbol{e}(m))y(\boldsymbol{e}(m'))$$

が成り立つ．したがって，$\boldsymbol{C}$ をその乗法についての可換半群と考えると，対応 $m\mapsto y(\boldsymbol{e}(m))$ は加法半群 $\mathcal{S}$ から乗法半群 $\boldsymbol{C}$ への半群の準同型となる．また $\boldsymbol{e}(0)=1$ であるから $y(\boldsymbol{e}(0))=1$ である．

逆に $\lambda:\mathcal{S}\to\boldsymbol{C}$ を半群の準同型で $\lambda(0)=1$ となるものとする．対応 $\boldsymbol{e}(m)\mapsto\lambda(m)$ の拡張として，$\boldsymbol{C}[\mathcal{S}]$ の任意の元 $f=\sum_{m\in\mathcal{S}}a_m\boldsymbol{e}(m)$ に対して

$$y(f):=\sum_{m\in\mathcal{S}}a_m\lambda(m)\in\boldsymbol{C}$$

と定義すると，これが可換環の準同型となることは容易にわかる．例えば乗法については，$f=\sum_{m\in\mathcal{S}}a_m\boldsymbol{e}(m)$ と $g=\sum_{m'\in\mathcal{S}}b_{m'}\boldsymbol{e}(m')$ に対して

$$\begin{aligned}&y(f)y(g)\\&=\left(\sum_{m\in\mathcal{S}}a_m\lambda(m)\right)\left(\sum_{m'\in\mathcal{S}}b_{m'}\lambda(m')\right)\end{aligned}$$

$$= \sum_{m'' \in \mathcal{S}} \left(\sum_{m+m'=m''} a_m b_{m'} \right) \lambda(m'')$$
$$= y(fg)$$

となる．よって，y は $y(\boldsymbol{e}(m)) = \lambda(m)$ $(\forall m \in \mathcal{S})$ を満たす $\boldsymbol{C}[\mathcal{S}]$ の $\boldsymbol{C}$ 値点である．

以上のことから，$\boldsymbol{C}[\mathcal{S}]$ の $\boldsymbol{C}$ 値点全体は $\mathcal{S}$ から乗法半群 $\boldsymbol{C}$ への準同型で 0 を 1 に対応させるもの全体と，自然に一対一に対応することがわかる．

$\mathcal{S}$ から乗法半群 $\boldsymbol{C}$ への準同型で 0 を 1 に対応させるもの全体を $\mathrm{Hom}_{\mathrm{sgr}}(\mathcal{S}, \boldsymbol{C})$ と書くことにする．定理 5.1.1 により，$\mathrm{Hom}_{\mathrm{sgr}}(\mathcal{S}, \boldsymbol{C})$ は半群環 $\boldsymbol{C}[\mathcal{S}]$ に対応するアフィン代数多様体に集合として一対一に対応する．

m が $\mathcal{S}$ の元で $-m \in \mathcal{S}$ となっているとすると，$\mathrm{Hom}_{\mathrm{sgr}}(\mathcal{S}, \boldsymbol{C})$ の任意の元 α について，

$$\alpha(m)\alpha(-m) = \alpha(0) = 1$$

より $\alpha(m) \neq 0$ がわかる．すなわち，$\boldsymbol{C}^{\times} = \boldsymbol{C} \setminus \{0\}$ と書けば $\alpha(m) \in \boldsymbol{C}^{\times}$ である．特に M' が M の部分加群であれば，任意の $\alpha \in \mathrm{Hom}_{\mathrm{sgr}}(M', \boldsymbol{C})$ と任意の $m \in M'$ について $\alpha(m) \in \boldsymbol{C}^{\times}$ となる．この場合，α は加群 M' から乗法群 $\boldsymbol{C}^{\times}$ への準同型と考えられる．すなわち M' が M の部分加群であれば，$\mathrm{Hom}_{\mathrm{sgr}}(M', \boldsymbol{C})$ は M' から $\boldsymbol{C}^{\times}$ への群の準同型全体 $\mathrm{Hom}_{\mathrm{gr}}(M', \boldsymbol{C}^{\times})$ と自然に同一視できる．

$\{m_1, \ldots, m_s\}$ を M' の基底とすると，$\mathrm{Hom}_{\mathrm{gr}}(M', \boldsymbol{C}^{\times})$ の元 α は $\alpha(m_1), \ldots, \alpha(m_s)$ で決まる．また，任意に 0 でない複素数 $z_1, \ldots, z_s \in \boldsymbol{C}^{\times}$ を与えれば，

$$\alpha(a_1 m_1 + \cdots + a_s m_s) := z_1^{a_1} \cdots z_s^{a_s}$$

で定義される写像 α は $\mathrm{Hom}_{\mathrm{gr}}(M', \boldsymbol{C}^{\times})$ の元となり

$$\alpha(m_1) = z_1, \ldots, \alpha(m_s) = z_s$$

を満たす．よって $\mathrm{Hom}_{\mathrm{gr}}(M', \boldsymbol{C}^{\times})$ と代数的トーラス $(\boldsymbol{C}^{\times})^s$ は写像

$$\alpha \mapsto (\alpha(m_1), \ldots, \alpha(m_s))$$

により一対一に対応することがわかる．ここで s は M' の階数である．$\alpha, \beta \in \mathrm{Hom}_{\mathrm{gr}}(M', \boldsymbol{C}^{\times})$ について積 $\alpha\beta$ を $(\alpha\beta)(m) := \alpha(m)\beta(m)$ で定めれば，こ

の対応が群の同型であることもわかる．なお，N' を M' の双対 $\boldsymbol{Z}$ 加群とすると，$\mathrm{Hom}_{\mathrm{gr}}(M', \boldsymbol{C}^\times) = N' \otimes \boldsymbol{C}^\times$ と書くこともできる．

ここで，階数 r の自由加群 N と可換乗法群 $\boldsymbol{C}^\times$ のテンソル積 $N \otimes \boldsymbol{C}^\times$ について，ただ $N \otimes \boldsymbol{C}^\times \simeq (\boldsymbol{C}^\times)^r$ と書くのは簡単であるが，もう少しその意味を確認しておこう．

このテンソル積は，N は加群で $\boldsymbol{C}^\times$ は乗法群なので，加群のテンソル積を知っている人にも少しわかりにくい．テンソル積の定義に戻って考えればわかることであるが，次のことが成り立つ．

$N \otimes \boldsymbol{C}^\times$ を可換乗法群として書くとすると，任意の元 $w \in N \otimes \boldsymbol{C}^\times$ は N の有限個の元 $x_1, \ldots, x_s$ と $\boldsymbol{C}^\times$ の元 $t_1, \ldots, t_s$ により

$$w = (x_1 \otimes t_1)(x_2 \otimes t_2) \cdots (x_s \otimes t_s)$$

と表される．$N \otimes \boldsymbol{C}^\times$ の単位元は $0 \otimes 1$ で，これは任意の $x \in N$ についての $x \otimes 1$ や，任意の $t \in \boldsymbol{C}^\times$ についての $0 \otimes t$ にも等しい．任意の $x, x_1, x_2 \in N$, $t, t_1, t_2 \in \boldsymbol{C}^\times$ および整数 a について，

$$(x_1 + x_2) \otimes t = (x_1 \otimes t)(x_2 \otimes t) \tag{5.4}$$

$$x \otimes t_1 t_2 = (x \otimes t_1)(x \otimes t_2) \tag{5.5}$$

$$(ax) \otimes t = (x \otimes t)^a \tag{5.6}$$

$$x \otimes t^a = (x \otimes t)^a \tag{5.7}$$

が成り立つ．

$\{n_1, \ldots, n_r\}$ を N の基底とする．これらの等式を用いると，$N \otimes \boldsymbol{C}^\times$ の任意の元 w は，ある $a_1, \ldots, a_r \in \boldsymbol{C}^\times$ により

$$w = (n_1 \otimes a_1)(n_2 \otimes a_2) \cdots (n_r \otimes a_r)$$

と表されることがわかる．

w のこの表記の一意性を示そう．$\{m_1, \ldots, m_r\}$ を $\{n_1, \ldots, n_r\}$ に双対な M の基底とする．$1 \leqq i \leqq r$ とすると，準同型

$$\phi_i := m_i \otimes 1_{\boldsymbol{C}^\times} : N \otimes \boldsymbol{C}^\times \longrightarrow \boldsymbol{C}^\times$$

により，$\phi_i(n_i \otimes t) = t$ および $\phi_i(n_j \otimes t) = 1$ $(j \neq i)$ となるので，$\phi_i(w) = a_i$ となる．よって，$a_1, \ldots, a_r$ は w に対して一意的である．すなわち，対応 $w \mapsto (a_1, \ldots, a_r)$ は $N \otimes \boldsymbol{C}^\times$ から $(\boldsymbol{C}^\times)^r$ への全単射である．

さて，あらためて $\mathcal{S}$ を M の 0 を含む有限生成部分半群とする．$\mathcal{S}$ で生成される M の部分加群は $\mathcal{S}+(-\mathcal{S})$ である．考えたいのは半群環 $\boldsymbol{C}[\mathcal{S}]$ であるから，M を $\mathcal{S}+(-\mathcal{S})$ で置き換えることにより $M=\mathcal{S}+(-\mathcal{S})$ と仮定する．このように仮定すると，任意の元 $m\in M$ はある $m_1,m_2\in\mathcal{S}$ により $m=m_1-m_2$ となり $\boldsymbol{e}(m)=\boldsymbol{e}(m_1)/\boldsymbol{e}(m_2)$ とかける．したがって，この仮定のもとでは，群環 $\boldsymbol{C}[M]$ は半群環 $\boldsymbol{C}[\mathcal{S}]$ の単項式全体のなす積閉集合

$$\{\boldsymbol{e}(m)\,;\,m\in\mathcal{S}\}$$

よる局所化であることがわかる．特に $\boldsymbol{C}[M]$ と $\boldsymbol{C}[\mathcal{S}]$ の商体は等しい．

$C(\mathcal{S})$ を $\mathcal{S}$ で生成される $M_{\boldsymbol{R}}$ の錐体とする．自由加群 M の階数を r とすると，$M=\mathcal{S}+(-\mathcal{S})$ の仮定から $C(\mathcal{S})$ は r 次元の錐体である．

$\alpha\in\mathrm{Hom}_{\mathrm{sgr}}(\mathcal{S},\boldsymbol{C})$ について

$$\mathcal{S}_\alpha:=\{m\in\mathcal{S}\,;\,\alpha(m)\neq 0\}$$

とおく．明からに $\mathcal{S}_\alpha$ は $\mathcal{S}$ の 0 を含む部分半群である．

補題 5.3.1 任意の $\alpha\in\mathrm{Hom}_{\mathrm{sgr}}(\mathcal{S},\boldsymbol{C})$ について，半群の準同型 $\alpha:\mathcal{S}\to\boldsymbol{C}$ は半群 $\mathcal{S}+(-\mathcal{S}_\alpha)$ からの準同型に一意的に拡張される．

証明 拡張された準同型を α' としたときの一意性を示す．$m_1\in\mathcal{S}$ と $m_2\in\mathcal{S}_\alpha$ に対して，α' の準同型性から $\alpha(m_1)=\alpha'(m_1-m_2)\alpha(m_2)$ が成立するので $\alpha'(m_1-m_2)=\alpha(m_1)/\alpha(m_2)$ がわかる．したがって α' は一意的である．

存在は $m\in\mathcal{S}+(-\mathcal{S}_\alpha)$ に対して，$m=m_1-m_2$ となる $m_1\in\mathcal{S}$ と $m_2\in\mathcal{S}_\alpha$ をとって $\alpha'(m):=\alpha(m_1)/\alpha(m_2)$ とする定義が m_1 と m_2 のとり方によらないことを示せばよい．別の $m_1'\in\mathcal{S}$ と $m_2'\in\mathcal{S}_\alpha$ により $m_1-m_2=m_1'-m_2'$ とすると $m_1+m_2'=m_1'+m_2$ であるから，α の準同型性により

$$\alpha(m_1)\alpha(m_2')=\alpha(m_1')\alpha(m_2)$$

となる．したがって

$$\alpha(m_1)/\alpha(m_2)=\alpha(m_1')/\alpha(m_2')$$

となり一意性がわかる． 証明終わり

命題 5.3.2 任意の $\alpha\in\mathrm{Hom}_{\mathrm{sgr}}(\mathcal{S},\boldsymbol{C})$ について，錐体 $C(\mathcal{S})$ の面 C' が存在して $\mathcal{S}_\alpha=\mathcal{S}\cap C'$ となる．このような C' は α に対してただ一つ存在する．

証明 補題 5.3.1 により α を

$$\alpha' : \mathcal{S} + (-\mathcal{S}_\alpha) \longrightarrow \boldsymbol{C}$$

に拡張する．$\mathcal{S}_\alpha$ を含む $C(\mathcal{S})$ の最小の面を C' とすると，$\mathcal{S}_\alpha$ が半群であることから，$\mathcal{S}_\alpha$ は C' の相対内部の点 m_0 を含む．定理 5.2.3 により

$$\mathcal{S} + (-\mathcal{S}_\alpha) \supset \mathcal{S} + \boldsymbol{Z}_0(-m_0) = \mathcal{S} + (-\mathcal{S} \cap C')$$

となる一方，$\mathcal{S}_\alpha \subset \mathcal{S} \cap C'$ より，$\mathcal{S} + (-\mathcal{S}_\alpha) \subset \mathcal{S} + (-\mathcal{S} \cap C')$ となる．したがって，$\mathcal{S} + (-\mathcal{S}_\alpha) = \mathcal{S} + (-\mathcal{S} \cap C')$ がわかる．$\mathcal{S} + (-\mathcal{S} \cap C')$ は加群 $\mathcal{S} \cap C' + (-\mathcal{S} \cap C')$ を含むので α' は $\mathcal{S} \cap C'$ で 0 にならない．したがって $\mathcal{S} \cap C' \subset \mathcal{S}_\alpha$ であり，$\mathcal{S}_\alpha = \mathcal{S} \cap C'$ がわかる．

$C(\mathcal{S})$ は $\mathcal{S}$ で生成され，C' は $C(\mathcal{S})$ の面であるから，C' は $\mathcal{S} \cap C' = \mathcal{S}_\alpha$ で生成される．したがって，C' は α に対して一意的である． 証明終わり

命題 5.3.2 により，$\mathrm{Hom}_{\mathrm{sgr}}(\mathcal{S}, \boldsymbol{C})$ の元 α は $\mathcal{S}_\alpha$ で生成される $C(\mathcal{S})$ の面によって分類されることがわかる．$C(\mathcal{S})$ の面 C' に対して，$\mathcal{S}_\alpha$ で生成される錐体が C' となる $\alpha \in \mathrm{Hom}_{\mathrm{sgr}}(\mathcal{S}, \boldsymbol{C})$ がどれだけあるか考えてみよう．

$\mathcal{S}_\alpha$ が C' を生成するとすると，$\mathcal{S} + (-\mathcal{S}_\alpha)$ は $C(\mathcal{S}) + (-C')$ を生成する．α の $\mathcal{S} + (-\mathcal{S}_\alpha)$ への延長 α' の作り方から，

$$\{m \in \mathcal{S} + (-\mathcal{S}_\alpha)\,;\, \alpha'(m) \neq 0\} = \mathcal{S}_\alpha + (-\mathcal{S}_\alpha)$$

がわかる．$M' = \mathcal{S}_\alpha + (-\mathcal{S}_\alpha)$ は M の部分加群であるから，このような α の M' への制限を考えることにより $\mathrm{Hom}_{\mathrm{gr}}(M', \boldsymbol{C}^\times)$ の元が得られる．

この対応は全単射である．実際，M' の元以外では値は 0 しかとらないので，この対応は単射である．また，$\bar{\alpha} \in \mathrm{Hom}_{\mathrm{gr}}(M', \boldsymbol{C}^\times)$ に対して，α を $m \in \mathcal{S}$ が $C(\mathcal{S})$ の面 C' に含まれるときは $\alpha(m) := \bar{\alpha}(m)$ とし，それ以外では $\alpha(m) = 0$ で定義すると，これは $\mathrm{Hom}_{\mathrm{sgr}}(\mathcal{S}, \boldsymbol{C})$ の元である．したがって全射性もわかる．

先に注意したように，N' を M' に双対な $\boldsymbol{Z}$ 加群とすると，

$$\mathrm{Hom}_{\mathrm{gr}}(M', \boldsymbol{C}^\times) = N' \otimes \boldsymbol{C}^\times$$

である．$\boldsymbol{Z}$ 自由加群 M' は部分空間 $C' + (-C')$ を生成するので，M' および N' の階数は $\dim C'$ に等しい．したがって，$C(\mathcal{S})$ の各面 C' について，このような α は次元が $\dim C'$ に等しい代数的トーラスの点に一対一に対応することがわか

る．ただし，あとで扱う正規半群環の場合と違って，$M' = M \cap (C' + (-C'))$ とは限らない．

$C(\mathcal{S})$ は r 次元錐体であるから，その $N_{\boldsymbol{R}}$ での双対錐体を π とすると，π は強凸な錐体となる．π の面と $C(\mathcal{S})$ の面は $\sigma \mapsto C(\mathcal{S}) \cap \sigma^{\perp}$ により一対一に対応するので（定理 1.2.8），$\mathrm{Hom}_{\mathrm{sgr}}(\mathcal{S}, \boldsymbol{C})$ は $C(\mathcal{S})$ の各面 $C(\mathcal{S}) \cap \sigma^{\perp}$ に対応する代数的トーラスの $\sigma \in F(\pi)$ についての和となる．すなわち，次のようにまとめることができる．

命題 5.3.3 $\mathcal{S} \subset M$ を 0 を含む有限生成部分半群で $M = \mathcal{S} + (-\mathcal{S})$ を満たすとし，$\pi \subset N_{\boldsymbol{R}}$ を $C(\mathcal{S})$ の双対錐体とする．各 $\sigma \in F(\pi)$ について，$M[\mathcal{S}, \sigma]$ を $\mathcal{S} \cap \sigma^{\perp}$ で生成される M の部分加群とし $N[\mathcal{S}, \sigma]$ をその双対加群とすると，

$$\mathrm{Hom}_{\mathrm{sgr}}(\mathcal{S}, \boldsymbol{C}) = \coprod_{\sigma \in F(\pi)} N[\mathcal{S}, \sigma] \otimes \boldsymbol{C}^{\times} \tag{5.8}$$

となる．ここで，M の階数を r とすると，$N[\mathcal{S}, \sigma] \otimes \boldsymbol{C}^{\times}$ は $r - \dim \sigma$ 次元の代数的トーラスで，$\mathcal{S}_{\alpha} = \mathcal{S} \cap \sigma^{\perp}$ となる $\mathrm{Hom}_{\mathrm{sgr}}(\mathcal{S}, \boldsymbol{C})$ の元 α 全体に対応する．

5.4 加法半群と半群環のイデアル

前節の後半と同様に，$\mathcal{S}$ は M の 0 を含む部分半群で，加群 M を生成すると仮定する．特に，錐体 $C(\mathcal{S})$ の次元は M の階数 r に等しい．

部分集合 $\mathcal{I} \subset \mathcal{S}$ が $\mathcal{S} + \mathcal{I} \subset \mathcal{I}$ を満たすとき，これを半群 $\mathcal{S}$ の**イデアル**という．このとき，

$$[\mathcal{I}]_{\boldsymbol{C}} := \bigoplus_{m \in \mathcal{I}} \boldsymbol{C}\boldsymbol{e}(m)$$

とおくと，任意の $m \in \mathcal{I}$ と $m' \in \mathcal{S}$ について

$$\boldsymbol{e}(m')\boldsymbol{e}(m) = \boldsymbol{e}(m + m') \in [\mathcal{I}]_{\boldsymbol{C}}$$

となることから，$[\mathcal{I}]_{\boldsymbol{C}}$ は可換環 $\boldsymbol{C}[\mathcal{S}]$ のイデアルとなる．逆に，このような直和が $\boldsymbol{C}[\mathcal{S}]$ のイデアルとなるのは，$\mathcal{I}$ が半群 $\mathcal{S}$ のイデアルとなる場合だけであることも明らかである．

$C(\mathcal{S})$ を半群 $\mathcal{S}$ で生成される $M_{\boldsymbol{R}}$ の錐体とし，$\pi \subset N_{\boldsymbol{R}}$ をその双対錐体とする．

命題 5.4.1 σ を π の面とすると，$\mathcal{I} := \mathcal{S} \setminus (\mathcal{S} \cap \sigma^{\perp})$ は $\mathcal{S}$ のイデアルで $[\mathcal{I}]_{\boldsymbol{C}}$ は $\boldsymbol{C}[\mathcal{S}]$ の素イデアルである．

逆に，$\mathcal{I} \subset \mathcal{S}$ がイデアルで，$[\mathcal{I}]_{\boldsymbol{C}}$ が $\boldsymbol{C}[\mathcal{S}]$ の素イデアルであれば，π の面 σ が存在して $\mathcal{I} := \mathcal{S} \setminus (\mathcal{S} \cap \sigma^{\perp})$ となる．

証明 x を σ の相対内部の元とすると，$\mathcal{S} \subset (x \geqq 0)$ かつ $\mathcal{I} = \{m \in \mathcal{S}\ ;\ \langle m, x\rangle > 0\}$ である．これから $\mathcal{S} + \mathcal{I} \subset \mathcal{I}$ がわかる．$\mathcal{S} \setminus \mathcal{I}$ は $\mathcal{S} \cap \sigma^{\perp}$ に等しいので，剰余環 $\boldsymbol{C}[\mathcal{S}]/[\mathcal{I}]_{\boldsymbol{C}}$ は半群環 $\boldsymbol{C}[\mathcal{S} \cap \sigma^{\perp}]$ に同型である．$\boldsymbol{C}[\mathcal{S} \cap \sigma^{\perp}]$ は整域であるから，$[\mathcal{I}]_{\boldsymbol{C}}$ は素イデアルである．

逆を示す．$\mathcal{S}' := \mathcal{S} \setminus \mathcal{I}$ とおく．任意の $m_1, m_2 \in \mathcal{S}'$ に対して，$\boldsymbol{e}(m_1), \boldsymbol{e}(m_2) \notin [\mathcal{I}]_{\boldsymbol{C}}$ で $[\mathcal{I}]_{\boldsymbol{C}}$ が素イデアルであるから，

$$\boldsymbol{e}(m_1)\boldsymbol{e}(m_2) = \boldsymbol{e}(m_1 + m_2) \notin [\mathcal{I}]_{\boldsymbol{C}}$$

である．よって $m_1 + m_2 \in \mathcal{S}'$ となる．m_1, m_2 は任意であるから，$\mathcal{S}' + \mathcal{S}' \subset \mathcal{S}'$ となる．$\alpha : \mathcal{S} \to \boldsymbol{C}$ を $m \in \mathcal{S} = \mathcal{I} \cup \mathcal{S}'$ に対して

$$\alpha(m) = \begin{cases} 0 & m \in \mathcal{I} \\ 1 & m \in \mathcal{S}' \end{cases}$$

と定めると，$\mathcal{I} + \mathcal{S} \subset \mathcal{I}$ と $\mathcal{S}' + \mathcal{S}' \subset \mathcal{S}'$ の関係式から，α が $\mathrm{Hom}_{\mathrm{sgr}}(\mathcal{S}, \boldsymbol{C})$ の元であることがわかる．命題 5.3.2 により，$C(\mathcal{S})$ の面 C' が存在して，$\mathcal{S}' = \mathcal{S}_{\alpha} = \mathcal{S} \cap C'$ となる．定理 1.2.8 により，C' に対して，π の面 σ が存在して $C' = C(\mathcal{S}) \cap \sigma^{\perp}$ となるので，$\mathcal{I} = \mathcal{S} \setminus \mathcal{S}'$ は $\mathcal{S} \setminus (\mathcal{S} \cap \sigma^{\perp})$ に等しい．

証明終わり

この命題により，半群 $\mathcal{S}$ のイデアル $\mathcal{I}$ で $[\mathcal{I}]_{\boldsymbol{C}}$ が素イデアルとなるもの全体と，錐体 π の面全体からなる有限集合 $F(\pi)$ が，自然に一対一に対応することがわかる．

$C(\mathcal{S})$ が強凸錐体となる場合は，π は非退化，すなわち r 次元の錐体となる．この場合，$C(\mathcal{S}) \cap \pi^{\perp} = \{0\}$ であるから，$\mathcal{I} := \mathcal{S} \setminus \{0\}$ は $\mathcal{S}$ のイデアルで，$[\mathcal{I}]_{\boldsymbol{C}}$ は $\boldsymbol{C}[\mathcal{S}]$ の極大イデアルとなる．

$C(\mathcal{S})$ が強凸錐体となる場合の，$\mathcal{S}$ の極小な生成系について調べておこう．

$\mathcal{S} \setminus \{0\}$ の元 m が**既約**とは，$m', m'' \in \mathcal{S} \setminus \{0\}$ により $m = m' + m''$ と書けないことと定義する．

補題 5.4.2 $\{m_1, \ldots, m_s\}$ を $\mathcal{S}$ の生成系とする．このとき，$\mathcal{S}$ の任意の既約な元はある m_i に等しい．特に，有限生成半群 $\mathcal{S}$ の既約元は有限個である．

証明 生成系 $\{m_1, \ldots, m_s\}$ の元はすべて 0 でないと仮定できる．m を $\mathcal{S}$ の既約元とする．m は負でない整数 $a_1, \ldots, a_s$ により

$$m = a_1 m_1 + \cdots + a_s m_s$$

と書けるが，$m \neq 0$ であるから，ある a_i は 0 ではない．$a_1 = \cdots = a_{i-1} = 0$, $a_i > 0$ と仮定する．

$$m' := (a_i - 1)m_i + a_{i+1}m_{i+1} + \cdots + a_s m_s$$

とおけば，$m = m_i + m'$ となるが，m は既約なので $m' = 0$ となる．よって $m = m_i$ である． 証明終わり

この補題により，$\mathcal{S}$ に既約元が無限個あれば有限生成でないことがわかる．例 5.2.2 (2) の $\mathcal{S}$ は無限の既約元をもつ有限生成でない半群の例である．

命題 5.4.3 $\mathcal{S} \subset M$ を $C(\mathcal{S})$ が強凸となる部分半群とする．$\mathcal{S}$ の既約元全体が $\mathcal{S}$ の唯一の極小な生成系である．

証明 $C(\mathcal{S})$ が強凸であるから，$n_0 \in N$ で任意の $m \in \mathcal{S} \setminus \{0\}$ について $\langle m, n_0 \rangle > 0$ となるものが存在する．このような n_0 を一つとる．

補題 5.4.2 により既約元全体はどの生成系にも含まれるので，既約元全体が生成系であることを示せばよい．これを背理法で示す．

命題を否定すると，既約元の有限和とならない元が存在する．任意の $m \in \mathcal{S}$ について $\langle m, n_0 \rangle$ は整数であるから，既約元の有限和とならない元 m で $\langle m, n_0 \rangle$ が最小となるものが存在する．m も当然既約でないので $m = m' + m''$ とすると，

$$\langle m, n_0 \rangle = \langle m', n_0 \rangle + \langle m'', n_0 \rangle$$

となるが，$\langle m', n_0 \rangle, \langle m'', n_0 \rangle > 0$ より $\langle m', n_0 \rangle, \langle m'', n_0 \rangle < \langle m, n_0 \rangle$ となり，

m についての最小性の仮定から，m' と m'' は既約元の有限和となる．したがって m も既約元の有限和となる．これは矛盾である．証明終わり

命題 5.4.4 $C(\mathcal{S})$ が強凸と仮定する．$\mathcal{S}_+ := \mathcal{S} \backslash \{0\}$ および $\mathcal{S}_+^{(2)} := \mathcal{S}_+ + \mathcal{S}_+$ とおく．このとき $I = [\mathcal{S}_+]_{\boldsymbol{C}}$ は，半群環 $\boldsymbol{C}[\mathcal{S}]$ の極大イデアルであり，$[\mathcal{S}_+^{(2)}]_{\boldsymbol{C}} = I^2$ となる．また，I/I^2 は $\boldsymbol{C}$ ベクトル空間で，次元は $\mathcal{S}$ の既約元の個数に等しい．

証明 前半は明らかである．最後の部分は，$\mathcal{S}$ の既約元全体が $\mathcal{S}_+ \setminus \mathcal{S}_+^{(2)}$ に等しいことからわかる．証明終わり

5.5 アフィントーリック多様体

N を階数 r の自由加群とする．$N_{\boldsymbol{R}}$ の強凸な錐体 σ に対して，N の双対加群 M の部分半群 $\mathcal{S}(\sigma) := M \cap \sigma^\vee$ を考える．2.4 節の等式 (2.4) により，これはアフィン扇 $F(\sigma)$ の正則指標全体のなす半群である．σ が $\{n_1, \ldots, n_d\}$ で生成されているとすると，

$$\mathcal{S}(\sigma) = \{m \in M\ ;\ \langle m, n_i \rangle \geqq 0, i = 1, \ldots, d\}$$

である．$\sigma^\vee$ は有理凸多角錐体であるから，$\mathcal{S}(\sigma)$ で生成される錐体は $\sigma^\vee$ に等しい．

定理 5.5.1 $N_{\boldsymbol{R}}$ の任意の強凸な錐体 σ について，半群環 $\boldsymbol{C}[\mathcal{S}(\sigma)]$ は $\boldsymbol{C}$ 上有限生成で，整閉なネーター整域，すなわち正規環である．

証明 $\boldsymbol{C}[\mathcal{S}(\sigma)]$ は $\boldsymbol{C}[M]$ の部分環なので整域であり，定理 1.3.8 により $\mathcal{S}(\sigma)$ は有限生成であるから，$\boldsymbol{C}[\mathcal{S}(\sigma)]$ は $\boldsymbol{C}$ 上有限生成でネーター環となる．

整閉性を示す．整域 A の整閉性は，A の商体 K の元 x が A 上整であれば，すなわち正の整数 n と $a_1, \ldots, a_n \in A$ が存在して

$$x^n + a_1 x^{n-1} + \cdots + a_{n-1} x + a_n = 0 \tag{5.9}$$

を満たせば，$x \in A$ であることと定義される．A が K を商体とする整閉整域 $A_1, \ldots, A_d$ の共通部分であれば A も整閉である．実際，$x \in K$ が (5.9) を満

たせば x はすべての A_i 上整となり，$x \in \bigcap_{i=1}^{d} A_i = A$ となる．

σ が $\{n_1, \ldots, n_d\}$ で生成されているとする．$n_1, \ldots, n_d$ はすべて 0 でない原始的な元と仮定できる．各 i について $\mathcal{S}_i := \{m \in M \, ; \, \langle m, n_i \rangle \geqq 0\}$ とおけば

$$\mathcal{S}(\sigma) = \mathcal{S}_1 \cap \cdots \cap \mathcal{S}_d$$

であるから

$$\boldsymbol{C}[\mathcal{S}(\sigma)] = \boldsymbol{C}[\mathcal{S}_1] \cap \cdots \cap \boldsymbol{C}[\mathcal{S}_d]$$

となる．各 i について $\boldsymbol{C}[\mathcal{S}_i]$ が整閉であればよい．$v_1 = n_i$ となる N の基底 $\{v_1, \ldots, v_r\}$ をとり，これに双対な M の基底を $\{m_1, \ldots, m_r\}$ とすると，

$$\mathcal{S}_i = \{c_1 m_1 + c_2 m_2 + \cdots + c_r m_r \, ; \, c_1 \in \boldsymbol{Z}_0, c_2, \ldots, c_r \in \boldsymbol{Z}\}$$

となる．$t_1 := \boldsymbol{e}(m_1), \ldots, t_r := \boldsymbol{e}(m_r)$ とおけば

$$\boldsymbol{C}[\mathcal{S}_i] = \boldsymbol{C}[t_1, \ldots, t_r, t_2^{-1}, \ldots, t_r^{-1}]$$

となるが，体上の多項式環とその局所化は一意分解整域であって整閉なので，$\boldsymbol{C}[\mathcal{S}_i]$ の整閉性がわかる． 証明終わり

$\boldsymbol{C}[\mathcal{S}(\sigma)]$ を座標環とするアフィン代数多様体を V とする．これが錐体 σ によって定まる**アフィントーリック多様体**である．

$N_{\boldsymbol{R}}$ の錐体 ρ に対して，$M[\rho] := M \cap \rho^{\perp}$ と定義する．$M[\rho]$ の双対加群を $N[\rho]$ と書く．$N(\rho) := N \cap (\rho + (-\rho))$ とすれば，$N[\rho]$ は商加群 $N/N(\rho)$ に等しい．特に $N[\rho]$ の階数は $r - \dim \rho$ である．

$\sigma^{\vee}$ の面 C' は，ある $\rho \in F(\sigma)$ により $C' = \sigma^{\vee} \cap \rho^{\perp}$ と書ける（定理 1.2.8 参照）．$\mathcal{S}(\sigma) \cap C' = M \cap C'$ で，C' は $\rho^{\perp} = M[\rho]_{\boldsymbol{R}}$ の最大次元の錐体であるから，$M[\rho]$ は加群として $\mathcal{S}(\sigma) \cap C'$ で生成される．したがって，3 節で述べたように，$\mathrm{Hom}_{\mathrm{sgr}}(\mathcal{S}(\sigma), \boldsymbol{C})$ の元 α で $\mathcal{S}(\sigma)_{\alpha} = \mathcal{S}(\sigma) \cap C'$ となるもの全体は，自然に $N[\sigma] \otimes \boldsymbol{C}^{\times}$ と一対一に対応する．すなわち，$T[\rho] := N[\sigma] \otimes \boldsymbol{C}^{\times}$ と書けば，点集合として

$$V = \coprod_{\rho \in F(\sigma)} T[\rho] \tag{5.10}$$

となる．本書では，このアフィントーリック多様体を，アフィン扇の記号 $F(\sigma)$ を用いて，$F(\sigma)_{\boldsymbol{C}}$ と書く．すなわち，アフィン扇 $F(\sigma)$ の各元 ρ に対応する

$r - \dim\rho$ 次元の代数的トーラス $T[\rho]$ を考え，それらの和をとったものが集合としての $F(\sigma)_{\boldsymbol{C}}$ となる．

補題 5.5.2 π を $N_{\boldsymbol{Q}}$ の強凸な錐体とし σ をその面とする．このとき $M \cap \mathrm{rel.int}(\pi^\vee \cap \sigma^\perp)$ は空ではなく，その任意の元 m_0 に対して可換環の局所化 $\boldsymbol{C}[M \cap \pi^\vee][\boldsymbol{e}(m_0)^{-1}]$ は $\boldsymbol{C}[M]$ の部分環として $\boldsymbol{C}[M \cap \sigma^\vee]$ に等しい．また $m_0 \in M \cap \mathrm{rel.int}\,\pi^\vee$ ととると，$\boldsymbol{C}[M \cap \pi^\vee][\boldsymbol{e}(m_0)^{-1}] = \boldsymbol{C}[M]$ となる．

証明 $\pi^\vee \cap \sigma^\perp$ は有理的な錐体であるから，$M \cap \mathrm{rel.int}(\pi^\vee \cap \sigma^\perp)$ も空ではない．等式

$$M \cap \sigma^\vee = M \cap \pi^\vee + \boldsymbol{Z}_0(-m_0) \tag{5.11}$$

を示す．補題 1.2.9 により $\sigma^\vee = \pi^\vee + \boldsymbol{R}_0(-m_0)$ であるから $M \cap \sigma^\vee \supset M \cap \pi^\vee + \boldsymbol{Z}_0(-m_0)$ であることはわかる．任意の $m \in M \cap \sigma^\vee$ に対して，補題 1.2.9 により $u \in \pi^\vee$ と負でない実数 a が存在して $m = u - am_0$ となるが，$m_0 \in \pi^\vee$ であるから a はそれ以上の整数と置き換えることができる．よって $a \in \boldsymbol{Z}_0$ とすれば $u = m + am_0 \in M \cap \pi^\vee$, すなわち $m \in M \cap \pi^\vee + \boldsymbol{Z}_0(-m_0)$ であることがわかる．したがって，等式 (5.11) が成り立つことがわかる．これにより，任意の $m \in M \cap \sigma^\vee$ に対して $m' \in M \cap \pi^\vee$ と $a \in \boldsymbol{Z}_0$ があって $\boldsymbol{e}(m) = \boldsymbol{e}(m')/\boldsymbol{e}(m_0)^a$ となるので $\boldsymbol{C}[M \cap \pi^\vee][\boldsymbol{e}(m_0)^{-1}]$ は $\boldsymbol{C}[M \cap \sigma^\vee]$ に等しいことがわかる．最後の部分は，π の強凸性から $\boldsymbol{0} := \{0\}$ が π の面で $\boldsymbol{0}^\vee = M_{\boldsymbol{R}}$ であるから，これに前半部分を適用すればよい． 証明終わり

強凸な錐体 π に対して $\boldsymbol{C}[M \cap \pi^\vee]$ は定理 5.5.1 により $\boldsymbol{C}$ 上有限生成である．また，補題 5.5.2 から $\boldsymbol{C}[M \cap \pi^\vee]$ の商体は $\boldsymbol{C}[M]$ の商体に等しいことがわかる．したがって，アフィントーリック多様体 $F(\pi)_{\boldsymbol{C}}$ は，r 次元のアフィン代数多様体となる．

5.6 代数多様体

複素数体を基礎体とする代数多様体は，複素空間で定義されたアフィン代数多様体の貼り合わせとして定義される．貼り合わせを行うためには，アフィン

代数多様体に位相を導入することが必要である．これには，考える多様体の範囲によって，いくつか異なった位相が考えられる．

$\boldsymbol{C}$ 上の代数多様体を複素多様体や複素解析空間としても扱う場合は，古典的な位相を考える必要がある．n 次元複素空間 $\boldsymbol{C}^n$ を $2n$ 次元の実空間と考えて通常の距離空間の位相を入れ，この中に定義されたアフィン代数多様体 V には，この位相による相対位相を考える．これは V のすべての正則関数が $\boldsymbol{C}$ への連続関数となる最も弱い位相である．

代数多様体とそれらの正則写像だけを考える場合は，アフィン代数多様体の位相として次の**ザリスキ位相**を考えるのが普通である．ザリスキ位相ではアフィン代数多様体 V の部分集合 W は，ある有限個の正則関数 $f_1, \ldots, f_s$ の共通零点となっているときだけ閉集合と定義される．各 i について $f_i^{-1}(\{0\})$ は古典的位相でも閉集合で，

$$W = \bigcap_{i=1}^{s} f_i^{-1}(\{0\})$$

であるから，ザリスキ位相で閉集合であれば古典的位相でも閉である．この位相は古典的な位相に比べて非常に弱く，閉集合は全体でなければ次元の低いアフィン代数多様体の有限和であり，測度 0 の部分集合である．特に，空でない二つの開集合は必ず交わるので，V が 1 点でなければハウスドルフ空間ではない．

1 次元複素空間 $\boldsymbol{C}$ のザリスキ位相について考えると，閉集合は 1 変数の代数方程式の解の集合であるから，$\boldsymbol{C}$ 自身かその有限部分集合だけが閉集合となる．アフィン代数多様体 V のザリスキ位相は，すべての正則関数がザリスキ位相で考えた $\boldsymbol{C}$ への連続写像となる最も弱い位相であることがわかる．

これらの位相は V の正則関数全体よって特定されるので，中に V を定義する複素空間の選び方にはよらない．

トーリック多様体だけを考え，扇の写像で記述できる正則写像だけを扱う場合は，扇の位相から引き起こされるさらに弱い位相を考えることもできる．すなわち，$\boldsymbol{C}[\mathcal{S}(\sigma)]$ を座標環とするアフィントーリック多様体の部分集合は，$\mathcal{S}(\sigma)$ の有限個の元 $m_1, \ldots, m_s$ による $\boldsymbol{e}(m_1), \ldots, \boldsymbol{e}(m_s)$ の共通零点になるときだけ閉集合と定義する．このような位相は通常は考えないが，本書ではこれをトー

リック位相と呼んでおく．

ここではアフィン代数多様体には，古典的な位相とザリスキ位相の両方を考えることにする．

アフィン代数多様体 V の座標環 $A(V)$ の商体を $K(V)$ とし，$K(V)$ の元を V の**有理関数**という．したがって V の有理関数 f は，二つの正則関数 g および $h \neq 0$ により $f = g/h$ と書ける．この h は 0 の値もとり得るので，V の点 x で $h(x) \neq 0$ となる表記 $f = g/h$ がなければ，有理関数 f は x で値をもたない．このような点を f の**不確定点**という．逆に，$h(x) \neq 0$ となる表記があるとき，f は x で**正則**という．このとき，h は x のある開近傍で 0 にならないので，f はその開近傍で連続関数である．

0 でない有理関数 f が V のどの点 x で正則でないかは，対応する $A(V)$ の極大イデアル P_x が f の**分母イデアル**

$$I := \{h \in A(V)\ ;\ hf \in A(V)\}$$

含むかどうかで判定できる．すなわち，P_x が I を含めば，どのように $g, h \in A(V)$ をとって $f = g/h$ としても，$h \in I \subset P_x$ であるから $h(x) = 0$ となり，x は f の不確定点である．逆に P_x が I を含まなければ，h を $I \setminus P_x$ からとって，$g := hf$ とすれば，$f = g/h$ で $h(x) \neq 0$ であるから，f は x で正則である．I の生成系 $\{f_1, \ldots, f_s\}$ をとれば，x がこれらの共通零点とならないことが正則性の条件となるので，f が正則な V の点全体はザリスキ開集合となる．

命題 5.6.1　アフィン代数多様体 V のすべての点で正則な有理関数は V の正則関数である．

証明　有理関数 f が V のすべての点で正則とする．f の分母イデアル $I := \{h \in A(V)\ ;\ hf \in A(V)\}$ を考える．$1 \in I$ であれば $f \in A(V)$ であるから，$I \neq A$ と仮定する．I を含む極大イデアルの一つを P とする．定理 5.1.2（ヒルベルトの零点定理）により P には $A(V)$ の $\boldsymbol{C}$ 値点が対応し，定理 5.1.1 により，これには V のある点 x が対応する．$P_x = P$ であって $I \subset P$ であるから f は x で正則でない．これは仮定に矛盾するので $1 \in I$ であり，$f \in A(V)$ となる．　　証明終わり

U をアフィン代数多様体 V の空でないザリスキ開部分集合とする．U の**正則関数**とは，V の有理関数 f で U のすべての点で正則なものと定義する．U がザリスキ開集合でなく古典的位相での開集合の場合も，U が連結であれば，その上の正則関数は同じ定義とする．U の正則関数の和や積は正則関数なので，U の正則関数全体は $K(V)$ の部分環となる．なお，$U=V$ の場合にこの定義がこれまでの「V の正則関数」という用語と矛盾しないことが，命題 5.6.1 によりわかる．

u を V の 0 でない正則関数とする．$u(x)\neq 0$ となる $x\in V$ 全体を V_u とおくと，V_u はザリスキ位相で開集合であるから，古典的位相でも開集合である．$K(V)$ の部分環 $A(V)[u^{-1}]$ の元は $A(V)$ の元 g と非負整数 d により g/u^d と書けるので，V_u の正則関数である．

命題 5.6.2 V_u の正則関数全体は $A(V)[u^{-1}]$ に等しい．

証明 $f\in K(V)$ が $A(V)[u^{-1}]$ に含まれないとき，V_u で正則でないことを示す．

$I'=\{h\in A(V)[u^{-1}]\ ;\ hf\in A(V)[u^{-1}]\}$ とおく．I' は $A(V)[u^{-1}]$ のイデアルで，f が $A(V)[u^{-1}]$ に含まれないことから $I'\neq A(V)[u^{-1}]$ である．P' を I' を含む $A(V)[u^{-1}]$ の極大イデアルとし，$P:=P'\cap A(V)$ とする．$A(V)/P\subset A(V)[u^{-1}]/P'\simeq \boldsymbol{C}$ より，P は $A(V)$ の極大イデアルである．x をこの極大イデアルに対応する V の点とする．u は $A(V)[u^{-1}]$ では可逆元なので P には含まれない．したがって $u(x)=\tilde{x}(u)\neq 0$ であり，x は V_u に含まれる．f の $A(V)$ での分母イデアルは $I'\cap A(V)$ に含まれるので P にも含まれ，f は x で正則でない． 証明終わり

$A(V)[u^{-1}]$ は $A(V)$ の積閉集合 $\{1,u,u^2,\ldots\}$ による局所化であるから，$A(V)$ の $\boldsymbol{C}$ 値点 α で $\alpha(u)\neq 0$ となるものは，$A(V)[u^{-1}]$ の $\boldsymbol{C}$ 値点に一意的に拡張できる．逆に，$A(V)[u^{-1}]$ の $\boldsymbol{C}$ 値点 α' は $\alpha'(u)\neq 0$ となるので，その $A(V)$ への制限を α とすれば $\alpha(u)\neq 0$ となる．したがって，V_u は $A(V)[u^{-1}]$ を座標環とするアフィン代数多様体 V' と，点集合として自然に一対一に対応する．すべての $f\in A(V)$ が対応する点で同じ値をとるように V_u と V' の点

が対応づけられていることに注意すれば，V_u と V' の正則関数の集合もこの対応で一致することがわかる．u^{-1} は V_u で連続なので，古典的位相がすべての正則写像が連続となる最も弱い位相であることに注意すれば，この対応が古典的位相で同位相写像であることもわかる．また，V' のザリスキ位相での閉集合はある有限個の正則関数

$$\frac{f_1}{u^d}, \ldots, \frac{f_s}{u^d}$$

の共通零点であるが，これは $f_1, \ldots, f_s \in A(V)$ の V' での共通零点に等しいので，V_u と V' はザリスキ位相でも同位相である．

この対応により，アフィン代数多様体 V' を V の開部分集合 V_u と同一視する．ザリスキ位相での閉集合の定義からわかるように，V のザリスキ位相での開部分集合は，このような開部分集合 V_u の有限和に書ける．V_u の形の開集合を V の**基本開集合**と呼ぶ．

トーリック多様体の場合は必要としないが，一般の代数多様体をアフィン代数多様体の貼り合わせとして考える場合は，基本開集合でないアフィン開部分集合も考える必要がある．

アフィン代数多様体の一般のアフィン開部分集合は次のように定義する．V と W をアフィン代数多様体とする．正則写像 $\phi : W \to V$ が**開いた埋め込み**とは次の条件を満たすことと定義する．

(1) ϕ は W から V のザリスキ開部分集合へのザリスキ位相での同位相写像である．

(2) U を W のザリスキ開部分集合とする．$\phi(U)$ の正則関数全体から U の正則関数全体への対応 $f \mapsto f \cdot \phi$ は全単射である．

$\phi : W \to V$ が開いた埋め込みであるとき，W を $\phi(W)$ と同一視したものを，V の**アフィン開部分集合**という．この場合，W と $\phi(W)$ は正則関数の集合も一対一に対応するので，古典的位相でも同位相である．

以上で一般の代数多様体を定義する準備ができた．

V はハウスドルフの分離公理を満たす連結な位相空間であって，V の各開部分集合 U 上の複素数値連続関数の一部が正則関数として指定されているとする．このとき，V が複素数体上の**代数多様体**とは，次の条件を満たすことと定

義する．

(1) 有限個の開部分集合 $V_1, \ldots, V_n$ による V の被覆が存在し，各 V_i は古典的位相を考えたアフィン代数多様体と同一視される．ここで，各 V_i に含まれるザリスキまたは連結開部分集合 U 上の複素数値連続関数については，アフィン代数多様体の開集合の関数として正則なとき，またそのときに限り V の開部分集合としての正則関数として指定されている．さらに，任意の $1 \leqq i < j \leqq n$ について，$V_i \cap V_j$ は V_i および V_j の空でないアフィン開部分集合である．

(2) f が V の開部分集合 U 上の正則関数であれば，U の任意の開部分集合 U' について，f の U' への制限は U' 上の正則関数である．

(3) V の開部分集合 U が開集合族 $\{U_\lambda\,;\,\lambda \in \Lambda\}$ の和集合で，U 上の関数 f のすべての U_λ への制限が正則関数であれば，f も正則関数である．

これらの条件のうちで本質的なのは (1) だけで，(2) と (3) は連続関数全体を層として考えるための条件である．もし (1) が満たされていれば，連結でないか，どの $V_1, \ldots, V_n$ にも含まれない開集合について，その上の正則関数を定義しなおすことにより (2) と (3) を満たすようにできる．

任意の i, j について，V_i と V_j のザリスキ位相の $V_i \cap V_j$ への制限は，アフィン開部分集合の定義により，ともにアフィン代数多様体 $V_i \cap V_j$ 自身のザリスキ位相に一致する．このことにより，V はアフィン代数多様体 $V_1, \ldots, V_n$ をザリスキ位相で貼り合わせたものと考えることもできる．この場合の V の位相を V の**ザリスキ位相**という．定義により，部分集合 $U \subset V$ がザリスキ位相で開集合となるのは，すべての i について $U \cap V_i$ が V_i のザリスキ開集合となる場合である．

V が一般の代数多様体でアフィン代数多様体 $V_1, \ldots, V_n$ で被覆されているとする．このとき，任意の i, j について

$$K(V_i) = K(V_i \cap V_j) = K(V_j)$$

となるので，$V_1, \ldots, V_n$ の関数体はすべて同じものである．特に，$V_1, \ldots, V_n$ の次元はすべて等しい．これを代数多様体 V の**次元**と定義して $\dim V$ と書く．

さて，V をアフィン代数多様体とし，P を $A(V)$ の素イデアルとする．剰余環 $A(V)/P$ の $\boldsymbol{C}$ 値点は，自然な全射準同型 $A(V) \to A(V)/P$ と合成することにより V の点と考えることができる．このような点全体は P で定まる V

の閉部分集合となる．これ自身が $A(V)/P$ を座標環とするアフィン代数多様体となっているので，これを V の**閉部分多様体**という．

例 5.6.3　π が錐体で σ をその面とする．命題 5.4.1 により，$P := [M \cap (\pi^\vee \setminus \sigma^\perp)]_{\boldsymbol{C}}$ は $\boldsymbol{C}[M \cap \pi^\vee]$ の素イデアルであるから，$F(\pi)_{\boldsymbol{C}}$ の閉部分多様体が定義される．

$$\begin{aligned}\boldsymbol{C}[M \cap \pi^\vee]/P &\simeq \boldsymbol{C}[M \cap \pi^\vee \cap \sigma^\perp] \\ &= \boldsymbol{C}[M[\sigma] \cap \pi[\sigma]^\vee]\end{aligned}$$

となるので，この閉部分多様体は錐体 $\pi[\sigma] \subset N[\sigma]_{\boldsymbol{R}}$ によるアフィントーリック多様体 $F(\pi[\sigma])_{\boldsymbol{C}}$ であることがわかる．

V を一般の代数多様体とする．V の空でないザリスキ閉集合 W が**既約**とは，W がそれより小さい二つのザリスキ閉集合の和とならないことと定義する．

$W \subset V$ を既約なザリスキ閉集合とする．V がアフィン代数多様体 $V_1, \ldots, V_n$ で被覆されているとする．$W_i := W \cap V_i$ が空でなければ，W_i は V_i の既約なザリスキ閉集合であることもわかる．イデアルについての議論が必要となるので証明は省略するが，これはアフィン代数多様体 V_i の閉部分多様体となっている．空でない W_i 全体は W のアフィン代数多様体による被覆となっており，これにより W が代数多様体の構造をもつ．このようにして得られる代数多様体 W を V の**閉部分多様体**という．

5.7　トーリック多様体

X を $N_{\boldsymbol{R}}$ の有限扇とする．X に対応するトーリック多様体 $X_{\boldsymbol{C}}$ を定義したい．

各 $\sigma \in X$ について，アフィントーリック多様体 $F(\sigma)_{\boldsymbol{C}}$ は

$$F(\sigma)_{\boldsymbol{C}} = \coprod_{\eta \in F(\sigma)} T[\eta] \tag{5.12}$$

であったが，$X_{\boldsymbol{C}}$ は，まず集合として，

$$X_{\boldsymbol{C}} = \coprod_{\eta \in X} T[\eta] \tag{5.13}$$

と定義する.

(5.12) と (5.13) を見くらべればわかるように，各 $\sigma \in X$ について自然な包含写像 $i_\sigma : F(\sigma)_{\boldsymbol{C}} \to X_{\boldsymbol{C}}$ が存在する．$X_{\boldsymbol{C}}$ はこれらの写像の像の和集合であるから，各 $F(\sigma)_{\boldsymbol{C}}$ に古典的位相を考えることにより，$X_{\boldsymbol{C}}$ に商位相を入れることができる．すなわち，$X_{\boldsymbol{C}}$ の部分集合 U は，すべての σ について $i_\sigma^{-1}(U)$ が $F(\sigma)_{\boldsymbol{C}}$ の開部分集合であるとき開集合であると定義される．

$\sigma, \tau \in X$ について，もし σ が τ の面であれば，補題 5.5.2 により $F(\sigma)_{\boldsymbol{C}}$ は $F(\tau)_{\boldsymbol{C}}$ の基本開集合となっていることがわかる．特に，$F(\sigma)_{\boldsymbol{C}}$ は $F(\tau)_{\boldsymbol{C}}$ のアフィン開集合である．

補題 5.7.1 $X_{\boldsymbol{C}}$ にこの位相を入れると，各 i_σ は $F(\sigma)_{\boldsymbol{C}}$ から $X_{\boldsymbol{C}}$ の開部分集合への同位相写像である．

証明 i_σ が単射で連続であることは定義から明らかである．したがって，i_σ が開写像であることを示せばよい．

U を $F(\sigma)_{\boldsymbol{C}}$ の開部分集合とする．τ を X の任意の元とし，$\rho := \sigma \cap \tau$ とする．このとき，$i_\tau^{-1}(i_\sigma(U)) = U \cap F(\rho)_{\boldsymbol{C}}$ である．$U \cap F(\rho)_{\boldsymbol{C}}$ は $F(\rho)_{\boldsymbol{C}}$ の開部分集合であり，$F(\rho)_{\boldsymbol{C}}$ は $F(\tau)_{\boldsymbol{C}}$ の開部分集合でもあるので，$U \cap F(\rho)_{\boldsymbol{C}}$ は $F(\tau)_{\boldsymbol{C}}$ で開である． 証明終わり

この補題で位相も同じであることがわかったので，$F(\sigma)_{\boldsymbol{C}}$ をそのまま $X_{\boldsymbol{C}}$ の開部分集合とみなす．各 $F(\sigma)_{\boldsymbol{C}}$ はアフィン代数多様体で，複素空間の部分集合であるからハウスドルフ空間である．

命題 5.7.2 $X_{\boldsymbol{C}}$ はハウスドルフ空間である．

証明 x, y を $X_{\boldsymbol{C}}$ の相異なる 2 点とし，$x \in T[\sigma]$ および $y \in T[\tau]$ とする．$\sigma \prec \tau$ であれば，x, y は $F(\tau)_{\boldsymbol{C}}$ に含まれるので，x および y の互いに交わらない開近傍を，ハウスドルフ空間 $F(\tau)_{\boldsymbol{C}}$ のなかに見つけることができる．$\tau \prec \sigma$ の場合も同様である．

そこで，$\rho := \sigma \cap \tau$ は σ とも τ とも異なると仮定する．扇の定義により σ と τ は分離可能であるから，補題 2.1.1 により $m_0 \in M$ で $\sigma \subset (m_0 \geqq 0)$,

$\tau \subset (m_0 \leqq 0)$ かつ

$$\sigma \cap (m_0 = 0) = \tau \cap (m_0 = 0) = \rho$$

となるものが存在する．このとき $\boldsymbol{e}(m_0)$ は $F(\sigma)_{\boldsymbol{C}}$ の正則関数で，$\boldsymbol{e}(-m_0)$ は $F(\tau)_{\boldsymbol{C}}$ の正則関数である．x は $T[\sigma]$ の点であるから，命題 5.3.3 により，$m \in M \cap \sigma^\vee$ で $\boldsymbol{e}(m)(x) = x(m) \neq 0$ となるのは，m が $M \cap \sigma^\vee \cap \sigma^\perp$ に含まれる場合である．$\sigma \cap (m_0 = 0) = \rho$ より $m_0 \notin \sigma^\perp$ であるから，$\boldsymbol{e}(m_0)(x) = 0$ となる．同様に $\boldsymbol{e}(-m_0)(y) = 0$ である．したがって，

$$U_x := \{z \in F(\sigma)_{\boldsymbol{C}}\ ;\ |\boldsymbol{e}(m_0)(z)| < 1\}$$

$$U_y := \{z \in F(\tau)_{\boldsymbol{C}}\ ;\ |\boldsymbol{e}(-m_0)(z)| < 1\}$$

は x と y の開近傍である．$F(\rho)_{\boldsymbol{C}} = F(\sigma)_{\boldsymbol{C}} \cap F(\tau)_{\boldsymbol{C}}$ で

$$|\boldsymbol{e}(m_0)(z)||\boldsymbol{e}(-m_0)(z)| = 1$$

であることから $U_x \cap U_y = \emptyset$ である． 証明終わり

$X_{\boldsymbol{C}}$ の正則関数は次のように定義される．U を $X_{\boldsymbol{C}}$ の開部分集合とする．U 上定義された複素数値関数 f が正則とは，任意の $\sigma \in X$ について，$f|(U \cap F(\sigma)_{\boldsymbol{C}})$ がアフィントーリック多様体 $F(\sigma)_{\boldsymbol{C}}$ の開部分集合上の正則関数であることとする．このような関数 f を，U 上の**正則関数**，あるいは U を定義域とする $X_{\boldsymbol{C}}$ の正則関数という．

$\sigma, \tau \in X$ で $\eta = \sigma \cap \tau$ とすると，$F(\eta)_{\boldsymbol{C}}$ は $F(\sigma)_{\boldsymbol{C}}$ と $F(\tau)_{\boldsymbol{C}}$ の共通部分で両方の基本開集合となっているので，正則関数はアフィントーリック多様体の共通部分でも矛盾なく定義される．特に，$X_{\boldsymbol{C}}$ の開部分集合 U がある $F(\sigma)_{\boldsymbol{C}}$ に含まれる場合，U 上の関数が $X_{\boldsymbol{C}}$ の正則関数であることと，アフィントーリック多様体 $F(\sigma)_{\boldsymbol{C}}$ の開集合の正則関数であることは同値である．

正則関数が定義されたことにより，$X_{\boldsymbol{C}}$ は代数多様体の構造をもつことになる．これを扇 X によって定義された，複素数体上の**トーリック多様体**という．

γ を有限扇 X の元とする．2.2 節において，$N(X)[\gamma]$ を格子点集合とする扇 $X[\gamma]$ を定義し，閉部分扇と呼んだが，これに対応するトーリック多様体 $X[\gamma]_{\boldsymbol{C}}$ が，$X_{\boldsymbol{C}}$ の閉部分多様体として次のように定義される．$\sigma \in X$ で $\gamma \prec \sigma$ である場合に，$F(\sigma)_{\boldsymbol{C}}$ の部分多様体 $F(\sigma[\gamma])_{\boldsymbol{C}}$ を考える（例 5.6.3 参照）．$\gamma \prec \sigma$

かつ $\gamma \prec \tau$ であれば，$\rho := \sigma \cap \tau$ として

$$F(\sigma[\gamma])_{\boldsymbol{C}} \cap F(\rho)_{\boldsymbol{C}} = F(\tau[\gamma])_{\boldsymbol{C}} \cap F(\rho)_{\boldsymbol{C}} = F(\rho[\gamma])_{\boldsymbol{C}}$$

となっているので，これらがつなぎ合わせられて $X_{\boldsymbol{C}}$ の閉部分多様体ができる．この多様体は作り方から $X[\gamma]_{\boldsymbol{C}}$ であるので，$X[\gamma]_{\boldsymbol{C}}$ が $X_{\boldsymbol{C}}$ に閉部分多様体として埋め込まれていることになる．$\gamma \prec \sigma$ とならない $\sigma \in X$ については，$X[\gamma]_{\boldsymbol{C}} \cap F(\sigma)_{\boldsymbol{C}} = \emptyset$ である．

5.8　コンパクトなトーリック多様体

N を階数 $r \geqq 0$ の自由 $\boldsymbol{Z}$ 加群とする．代数的トーラス $T_N = N \otimes \boldsymbol{C}^{\times}$ から実空間 $N_{\boldsymbol{R}} = N \otimes \boldsymbol{R}$ への写像

$$\mu_N : T \longrightarrow N_{\boldsymbol{R}}$$

を，自然対数を使って $\mu_N = 1_N \otimes (-\log|\cdot|)$ で定義する．すなわち，N に基底を定めて $T_N = (\boldsymbol{C}^{\times})^r$, $N_{\boldsymbol{R}} = \boldsymbol{R}^r$ とすると，

$$\mu_N(t_1, \ldots, t_r) = (-\log|t_1|, \ldots, -\log|t_r|)$$

となる．これは群の全射準同型であって連続写像である．

M を N の双対加群とすると，$T_N = \mathrm{Hom}_{\mathrm{gr}}(M, \boldsymbol{C}^{\times})$ および $N_{\boldsymbol{R}} = \mathrm{Hom}_{\mathrm{gr}}(M, \boldsymbol{R})$ となるが，μ_N は $\alpha \in \mathrm{Hom}_{\mathrm{gr}}(M, \boldsymbol{C}^{\times})$ に $-\log|\alpha| \in \mathrm{Hom}_{\mathrm{gr}}(M, \boldsymbol{R})$ を対応させる写像と考えることもできる．

補題 5.8.1　σ を $N_{\boldsymbol{R}}$ の錐体とする．x を T_N の元とすると，$\mu_N(x)$ が錐体 σ の点である必要十分条件は，任意の $m \in M \cap \sigma^{\vee}$ について $|\boldsymbol{e}(m)(x)| \leqq 1$ となることである．

証明　$x \in T_N$ に対して，$\mu_N(x) \in N_{\boldsymbol{R}} = \mathrm{Hom}_{\mathrm{gr}}(M, \boldsymbol{R})$ であるから，等式

$$-\log|\boldsymbol{e}(m)(x)| = \langle m, \mu_N(x) \rangle$$

が成り立つ．この等式により，$|\boldsymbol{e}(m)(x)| \leqq 1$ は $\langle m, \mu_N(x) \rangle \geqq 0$ と同値である．

補題の条件の中の $|\boldsymbol{e}(m)(x)| \leqq 1$ を $\langle m, \mu_N(x) \rangle \geqq 0$ で置き換えれば，任意の $m \in M \cap \sigma^{\vee}$ について $\langle m, \mu_N(x) \rangle \geqq 0$ という条件になるが，$\sigma^{\vee}$ は有理錐体であるから，これは $\mu_N(x) \in \sigma$ と同値である．　証明終わり

$\Delta := \{z \in \boldsymbol{C}\ ;\ |z| \leqq 1\}$ とおく．Δ は乗法半群 $\boldsymbol{C}$ の部分半群である．

$N_{\boldsymbol{R}}$ の錐体 σ によるアフィントーリック多様体 $F(\sigma)_{\boldsymbol{C}}$ の部分集合 $F(\sigma)_\Delta$ を

$$F(\sigma)_\Delta := \{\alpha \in \mathrm{Hom_{sgr}}(M \cap \sigma^\vee, \boldsymbol{C})\ ;\ \alpha(m) \in \Delta, \forall m \in M \cap \sigma^\vee\}$$

で定義する．

補題 5.8.2　任意の錐体 σ について，$F(\sigma)_\Delta$ はコンパクトである．

証明　半群 $M \cap \sigma^\vee$ が $\{m_1, \ldots, m_s\}$ で生成されているとする．任意の $m \in M \cap \sigma^\vee$ はある非負整数 $c_1, \ldots, c_s$ により

$$m = c_1 m_1 + \cdots + c_s m_s$$

となる．このとき，任意の $\alpha \in \mathrm{Hom_{sgr}}(M \cap \sigma^\vee, \boldsymbol{C})$ について

$$\alpha(m) = \alpha(m_1)^{c_1} \cdots \alpha(m_s)^{c_s}$$

である．したがって，α が $F(\sigma)_\Delta$ に含まれる必要十分条件は，s 個の複素数 $\alpha(m_1), \ldots, \alpha(m_s)$ の絶対値がすべて 1 以下となることである．一方，$F(\sigma)_{\boldsymbol{C}}$ の座標環 $\boldsymbol{C}[M \cap \sigma^\vee]$ は $\{\boldsymbol{e}(m_1), \ldots, \boldsymbol{e}(m_s)\}$ で生成されているので，これを座標系として $F(\sigma)_{\boldsymbol{C}}$ を $\boldsymbol{C}^s$ の中に定義されたアフィン代数多様体と考えることができる．このとき

$$F(\sigma)_\Delta = F(\sigma)_{\boldsymbol{C}} \cap (\Delta)^s$$

となるが，$F(\sigma)_{\boldsymbol{C}} \subset \boldsymbol{C}^s$ は閉集合で $(\Delta)^s$ は有界閉集合であるから，$F(\sigma)_\Delta$ も有界閉集合となりコンパクトである．　証明終わり

定理 5.8.3　X を $N_{\boldsymbol{R}}$ の有限扇とする．トーリック多様体 $X_{\boldsymbol{C}}$ がコンパクトとなるための必要十分条件は，X が完備扇となることである．

証明　X が完備扇であると仮定する．補題 5.8.2 により，各 $\sigma \in X$ について $F(\sigma)_\Delta$ はコンパクトであるから，$X_{\boldsymbol{C}}$ が $F(\sigma)_\Delta$ の $\sigma \in X$ についての和集合あることを示せば，$X_{\boldsymbol{C}}$ がコンパクトであることがわかる．

x を T_N の点とする．X が完備であることから，$\mu_N(x)$ はある $\sigma \in X$ に含まれる．したがって，補題 5.8.1 により，x は $T_N \cap F(\sigma)_\Delta$ の点である．これで $T_N \subset \bigcup_{\sigma \in X} F(\sigma)_\Delta$ であることがわかる．

各 $\gamma \in X$ について，$T[\gamma]$ がこれに含まれることを示す．命題 2.7.1 により $X[\gamma]$ は完備扇で，$T[\gamma]$ は $X[\gamma]_{\boldsymbol{C}}$ のトーラスである．各 $\sigma \in X(\gamma\prec)$ に対して $F(\sigma)_\Delta \cap X[\gamma]_{\boldsymbol{C}} = F(\sigma[\gamma])_\Delta$ となることが $\boldsymbol{C}$ 値点を見ればわかるので，T_N の場合と同様の議論で

$$T[\gamma] \subset \bigcup_{\sigma[\gamma]\in X[\gamma]} F(\sigma[\gamma])_\Delta \subset \bigcup_{\sigma\in X} F(\sigma)_\Delta$$

もわかる．したがって，$X_{\boldsymbol{C}} = \bigcup_{\sigma\in X} F(\sigma)_\Delta$ となる．

次に，X が完備扇でないと仮定する．このとき，$N_{\boldsymbol{R}} \setminus |X|$ は空でない開集合となるので，有理点 x が存在する．γ を x で生成される 1 次元錐体とする．γ は X の錐体とは $N_{\boldsymbol{R}}$ の原点を共有するだけなので，$X' := X \cup \{\gamma\}$ も $N_{\boldsymbol{R}}$ の扇となる．$X_{\boldsymbol{C}}$ がコンパクトであるとすると，$X'_{\boldsymbol{C}}$ のハウスドルフ性から $X_{\boldsymbol{C}}$ はトーリック多様体 $X'_{\boldsymbol{C}}$ の閉部分集合である．しかし

$$F(\gamma)_{\boldsymbol{C}} \cap X_{\boldsymbol{C}} = T_N$$

であって，T_N は $F(\gamma)_{\boldsymbol{C}} \simeq \boldsymbol{C} \times (\boldsymbol{C}^\times)^{r-1}$ で閉ではないので矛盾となる．したがって，X が完備扇でなければ $X_{\boldsymbol{C}}$ はコンパクトではない．　証明終わり

X が射影的扇であるとき，$X_{\boldsymbol{C}}$ を**射影的トーリック多様体**という．射影的扇は完備であるから，この定理により射影的トーリック多様体はコンパクトである．なお，一般論からいえば，射影多様体すなわち射影的代数多様体の定義が先にあって，射影多様体となるトーリック多様体が射影的トーリック多様体であるが，射影多様体について論じる余裕がなかったのでこのような定義とする．

5.9　トーリック多様体の直積

V, W をアフィン代数多様体とすると，直積 $V \times W$ もアフィン代数多様体となる．実際，$V \subset \boldsymbol{C}^n$ が方程式 $f_1, \ldots, f_m \in \boldsymbol{C}[x_1, \ldots, x_n]$ で定義されていて，$W \subset \boldsymbol{C}^p$ が $g_1, \ldots, g_q \in \boldsymbol{C}[y_1, \ldots, y_p]$ で定義されているとすると，直積 $V \times W$ は $\boldsymbol{C}^{n+p}$ において

$$f_1, \ldots, f_m, g_1, \ldots, g_q \in \boldsymbol{C}[x_1, \ldots, x_n, y_1, \ldots, y_p]$$

で定義されたアフィン代数多様体となる．$V \times W$ の座標環 $A(V \times W)$ は $\boldsymbol{C}$ 上の可換環のテンソル積 $A(V) \otimes_{\boldsymbol{C}} A(W)$ に等しい．ただし，$A(V) \otimes_{\boldsymbol{C}} A(W)$ が整域となることの証明はかなり難しい（文献参照）．なお，この座標環の超越次数，すなわち $V \times W$ の次元は V と W の次元の和に等しい．

σ が $N_{\boldsymbol{R}}$ の錐体で，τ が $N'_{\boldsymbol{R}}$ の錐体とする．このとき，アフィントーリック多様体 $F(\sigma)_{\boldsymbol{C}}$ の座標環は $\boldsymbol{C}[M \cap \sigma^\vee]$ で，$F(\tau)_{\boldsymbol{C}}$ の座標環は $\boldsymbol{C}[M' \cap \tau^\vee]$ である．ただし，M と M' は，それぞれ N と N' の双対加群とする．直積 $F(\sigma)_{\boldsymbol{C}} \times F(\tau)_{\boldsymbol{C}}$ の座標環はこれらのテンソル積なので，これは半群の直和 $\mathcal{S} = (M \cap \sigma^\vee) \oplus (M' \cap \tau^\vee)$ による半群環であることがわかる．この半群 $\mathcal{S}$ は $M \oplus M'$ の部分半群なので，このテンソル積は明らかに整域である．

$\sigma^\vee \times \tau^\vee \subset (M \oplus M')_{\boldsymbol{R}}$ は $(N \oplus N')_{\boldsymbol{R}}$ の錐体 $\sigma \times \tau$ の双対錐体と考えられる．したがって，

$$F(\sigma)_{\boldsymbol{C}} \times F(\tau)_{\boldsymbol{C}} = F(\sigma \times \tau)_{\boldsymbol{C}}$$

であり，この直積はまたアフィントーリック多様体である．

命題 5.9.1 任意のアフィントーリック多様体は，最大次元の錐体によるアフィントーリック多様体と代数的トーラスの直積となる．

証明 σ を $N_{\boldsymbol{R}}$ の錐体とし，$F(\sigma)_{\boldsymbol{C}}$ について考える．$r = \operatorname{rank} N$, $r' = \dim \sigma$ とし，$r'' := r - r'$ とおく．$N' := N(\sigma)$ に対して，N の部分加群 N'' をうまくとれば $N = N' \oplus N''$ となる．実際，$N[\sigma] = N/N(\sigma)$ は階数 r'' の自由加群なので，基底 $\{y_1, \ldots, y_{r''}\}$ をとり，各 y_i の N での代表元 $\tilde{y}_i$ を任意に選べば，$\{\tilde{y}_1, \ldots, \tilde{y}_{r''}\}$ で生成される部分加群 N'' が条件を満たす．

M', M'' をそれぞれ N' および N'' の双対加群とする．N の双対加群 M は自然に $M' \oplus M''$ と同一視される．σ を $N'_{\boldsymbol{R}}$ の錐体と考えたものを σ_1 とおき，その $M'_{\boldsymbol{R}}$ での双対錐体を $\sigma_1^\vee$ とする．σ_1 は $N'_{\boldsymbol{R}}$ の最大次元の錐体である．σ は錐体の直積 $\sigma_1 \times \{0\} \subset N'_{\boldsymbol{R}} \oplus N''_{\boldsymbol{R}}$ に等しく，$\{0\} \subset N''_{\boldsymbol{R}}$ に対応するアフィントーリック多様体は $N'' \otimes \boldsymbol{C}^\times$ であるから，

$$F(\sigma)_{\boldsymbol{C}} = F(\sigma_1)_{\boldsymbol{C}} \times (N'' \otimes \boldsymbol{C}^\times)$$

がわかる．　　　　　　　　　　　　　　　　　　　　　　　　　　　証明終わり

V, W を代数多様体とすると，直積 $V \times W$ は自然に代数多様体の構造をもつ．

$$V = V_1 \cup \cdots \cup V_s$$

および

$$W = W_1 \cup \cdots \cup W_t$$

をアフィン代数多様体による被覆とすると，$V \times W$ はアフィン代数多様体の集まり

$$\{V_i \times W_j\ ;\ i = 1, \ldots, s,\ j = 1, \ldots, t\}$$

で被覆される．

X を $N_{\boldsymbol{R}}$ の有限扇とし X' を $N'_{\boldsymbol{R}}$ の有限扇とする．この場合は，トーリック多様体 $X_{\boldsymbol{C}}$ は

$$\{F(\sigma)_{\boldsymbol{C}}\ ;\ \sigma \in X\}$$

で被覆され，$X'_{\boldsymbol{C}}$ は

$$\{F(\tau)_{\boldsymbol{C}}\ ;\ \tau \in X'\}$$

で被覆されるので，直積 $X_{\boldsymbol{C}} \times X'_{\boldsymbol{C}}$ は

$$\begin{aligned} &\{F(\sigma)_{\boldsymbol{C}} \times F(\tau)_{\boldsymbol{C}}\ ;\ \sigma \in X, \tau \in X'\} \\ &= \{F(\rho)_{\boldsymbol{C}}\ ;\ \rho \in X \times X'\} \end{aligned}$$

で被覆される．$X \times X'$ は $(N \oplus N')_{\boldsymbol{R}}$ の扇なので，これは

$$X_{\boldsymbol{C}} \times X'_{\boldsymbol{C}} = (X \times X')_{\boldsymbol{C}}$$

であることを示している．

5.10 非特異トーリック多様体

V をアフィン代数多様体とする．点 $x \in V$ に対応する $A := A(V)$ の $\boldsymbol{C}$ 値点を $\tilde{x}$ とし，$M_{A,x} := \operatorname{Ker} \tilde{x}$ とおく．$A/M_{A,x} \simeq \boldsymbol{C}$ であるから，$M_{A,x}$ は A の極大イデアルである．

$M_{A,x}$ の元 u, v の積 uv 全体で生成されるイデアルを $M_{A,x}^2$ と書く．商 $M_{A,x}/M_{A,x}^2$ は A 加群であるが，$M_{A,x}$ の元をかけるとすべて 0 になるので，

$A/M_{A,x}$ 加群，すなわち $\boldsymbol{C}$ 上のベクトル空間となる．また，A はネーター環なので $M_{A,x}$ は有限生成イデアルである．したがって，$M_{A,x}/M_{A,x}^2$ は有限次元ベクトル空間となる．$M_{A,x}/M_{A,x}^2$ の双対ベクトル空間を $T_{V,x}$ と書いて，V の x での**ザリスキ接空間**という．ザリスキ接空間の次元，すなわち $M_{A,x}/M_{A,x}^2$ の次元は $\dim V$ 以上であることが知られている．このことは，ここでは証明しないが，トーリック多様体の場合は後の議論でわかる．このザリスキ接空間の次元が $\dim V$ に等しいとき x を V の**非特異点**という．非特異点でない点を V の**特異点**という．

W を V のアフィン開集合とすると，W の点が V の非特異点であることと，W の非特異点であることは同値である．このことは W が V の基本開集合である場合は容易にわかるし，一般の場合も，$y \in W$ に対して W と V の両方の基本開集合となる y の開近傍をとれば，これらの同値性がわかる．このことから，一般の代数多様体 V についても，V の点 x での非特異性は x を含むアフィン開集合をとって，そこでの非特異性として定義される．

n 次元代数多様体としての $\boldsymbol{C}^n$ は，そのすべての点で非特異である．たとえば p が $\boldsymbol{C}^n$ の原点であれば，これに対応する $\boldsymbol{C}[x_1,\ldots,x_n]$ の極大イデアル M_p は $\{x_1,\ldots,x_n\}$ で生成されるので，M_p/M_p^2 はその像で生成される n 次元ベクトル空間である．$\boldsymbol{C}^n$ の一般の点 $p=(p_1,\ldots,p_n)$ の場合も，$y_i = x_i - p_i\ (i=1,\ldots,n)$ と座標変換すれば p が原点になるので同様である．また，代数的トーラス $(\boldsymbol{C}^\times)^n$ は $\boldsymbol{C}^n$ の $u = x_1\cdots x_n$ で定義される基本開集合であるから，これもすべての点で非特異である．すべての点で非特異な代数多様体を**非特異代数多様体**という．

命題 5.10.1　V, W をアフィン代数多様体とし，$x \in V$ および $y \in W$ をそれぞれの点とする．$z := (x,y)$ が $V \times W$ の非特異点であるための必要十分条件は，x および y が，それぞれ V および W の非特異点となることである．

証明　$A := A(V)$, $B := A(W)$ および $D := A(V \times W)$ とおく．$M_{A,x}$ は A, $M_{B,y}$ は B, そして $M_{D,z}$ は $D = A \otimes_{\boldsymbol{C}} B$ の極大イデアルとなる．

$$M_{D,z} = M_{A,x} \otimes_{\boldsymbol{C}} B + A \otimes_{\boldsymbol{C}} M_{B,y} \subset D$$

であるから

$$M_{D,z}^2 = M_{A,x}^2 \otimes_{\boldsymbol{C}} B + M_{A,x} \otimes_{\boldsymbol{C}} M_{B,y} + A \otimes_{\boldsymbol{C}} M_{B,y}^2$$

である．ここで $\boldsymbol{C}$ ベクトル空間としての直和分解 $A = \boldsymbol{C} \oplus M_{A,x}$ および $B = \boldsymbol{C} \oplus M_{B,y}$ を考えると，

$$D = \boldsymbol{C} \oplus M_{A,x} \oplus M_{B,y} \oplus (M_{A,x} \otimes_{\boldsymbol{C}} M_{B,y})$$

となり，この中で

$$M_{D,z} = \{0\} \oplus M_{A,x} \oplus M_{B,y} \oplus (M_{A,x} \otimes_{\boldsymbol{C}} M_{B,y})$$

および

$$M_{D,z}^2 = \{0\} \oplus M_{A,x}^2 \oplus M_{B,y}^2 \oplus (M_{A,x} \otimes_{\boldsymbol{C}} M_{B,y})$$

となる．したがって，

$$M_{D,z}/M_{D,z}^2 = (M_{A,x}/M_{A,x}^2) \oplus (M_{B,y}/M_{B,y}^2)$$

となり，

$$\dim_{\boldsymbol{C}} T_{V\times W,z} = \dim_{\boldsymbol{C}} T_{V,x} + \dim_{\boldsymbol{C}} T_{W,y}$$

がわかる．これと等式 $\dim(V \times W) = \dim V + \dim W$ により，命題が得られる． 証明終わり

トーリック多様体がどのような点で非特異であるか考えてみよう．$N_{\boldsymbol{R}}$ の d 次元の錐体 σ が非特異とは，N の基底 $\{n_1, \ldots, n_r\}$ が存在して，その部分集合 $\{n_1, \ldots, n_d\}$ が錐体 σ を生成することであった．

補題 5.10.2 N の階数を r とし，σ を $N_{\boldsymbol{R}}$ の r 次元の錐体とする．$T[\sigma] = \{x\}$ とすると，$F(\sigma)_{\boldsymbol{C}}$ が x で非特異となるのは，σ が $N_{\boldsymbol{R}}$ の非特異錐体となる場合である．

証明 σ は $N_{\boldsymbol{R}}$ の最大次元の錐体であるから，$T[\sigma]$ は極大イデアル

$$P_x = [(M \cap \sigma^\vee) \setminus \{0\}]_{\boldsymbol{C}}$$

で定義される 1 点からなる．

σ が r 次元非特異錐体であれば，$\boldsymbol{C}[M \cap \sigma^\vee]$ は r 変数の多項式環である（例 5.2.1 参照）．したがって，$F(\sigma)_{\boldsymbol{C}} = \boldsymbol{C}^r$ となり，その点 x は非特異点である．

逆を示す．半群 $\mathcal{S}(\sigma) = M \cap \sigma^\vee$ は r 次元錐体 $\sigma^\vee$ を生成するので，その生成系は r 個以上の元が必要である．$\mathcal{S}(\sigma)$ がちょうど r 個の元で生成されれ

ば，その生成系は M の基底であり，σ はそれに双対な基底で生成される非特異錐体である．したがって，σ が非特異錐体でないとすると，$\mathcal{S}(\sigma)$ の生成系は $r+1$ 個以上の元をもつ．$\{m_1, \ldots, m_s\}$ を $\mathcal{S}(\sigma)$ の極小な生成系とする．このとき，x に対応する $\boldsymbol{C}[\mathcal{S}(\sigma)]$ の極大イデアル M_x は $\{\boldsymbol{e}(m_1), \ldots, \boldsymbol{e}(m_s)\}$ で生成されている．命題 5.4.4 により，M_x/M_x^2 は s 次元のベクトル空間となる．$s \geqq r+1$ であるから，x は $F(\sigma)_{\boldsymbol{C}}$ の特異点である． 証明終わり

補題 5.10.3 σ を $N_{\boldsymbol{R}}$ の錐体とし，x をアフィントーリック多様体 $F(\sigma)_{\boldsymbol{C}}$ の代数的トーラス $T[\sigma]$ に含まれる点とする．x が $F(\sigma)_{\boldsymbol{C}}$ の非特異点であるのは，σ が $N_{\boldsymbol{R}}$ の非特異錐体となる場合である．

証明 $\dim \sigma = d$ とする．$N' := N(\sigma)$ とおき，$N'' \subset N$ を $N = N' \oplus N''$ となるようにとる．σ を $N'_{\boldsymbol{R}}$ の錐体と考えたものを σ_1 とする．このとき，σ_1 は $N'_{\boldsymbol{R}}$ の最大次元の錐体であるから，$T[\sigma_1]$ は 1 点からなる．この点を x_1 とする．命題 5.9.1 により

$$F(\sigma)_{\boldsymbol{C}} = F(\sigma_1)_{\boldsymbol{C}} \times (N'' \otimes \boldsymbol{C}^{\times}) = F(\sigma_1)_{\boldsymbol{C}} \times (\boldsymbol{C}^{\times})^{n-d}$$

となるので，命題 5.10.1 により，x が非特異点であるのは，点 x_1 が $F(\sigma_1)_{\boldsymbol{C}}$ の非特異点となる場合である．

σ が $N_{\boldsymbol{R}}$ の非特異錐体であることと，σ_1 が $N'_{\boldsymbol{R}}$ の非特異錐体であることは同値であるから，補題 5.10.2 により，x_1 が非特異点となるのは σ が非特異錐体の場合である． 証明終わり

定理 5.10.4 X を有限扇とすると，$X_{\boldsymbol{C}}$ が非特異代数多様体となるのは X が非特異扇の場合である．

証明 $X_{\boldsymbol{C}}$ はアフィン開集合族 $\{F(\sigma)_{\boldsymbol{C}}\,;\sigma \in X\}$ で被覆されている．ある σ が非特異錐体でなければ，補題 5.10.3 により $F(\sigma)_{\boldsymbol{C}}$ は $T[\sigma]$ の点で非特異でないので，$X_{\boldsymbol{C}}$ は非特異でない．逆にすべての σ が非特異錐体であれば，$X_{\boldsymbol{C}}$ の任意の点 x はある $T[\sigma]$ に含まれるので，同じ補題により $x \in F(\sigma)_{\boldsymbol{C}}$ は非特異点となる． 証明終わり

5.11　トーリック多様体の同変正則写像

V と W を代数多様体とする．写像 $f: V \to W$ が次の条件を満たすとき，代数多様体の**正則写像**という．

V を被覆するアフィン代数多様体の集合 $\{V_1, \ldots, V_n\}$ と，W を被覆するアフィン代数多様体の集合 $\{W_1, \ldots, W_m\}$ をうまくとると，各 V_i に対してある W_j があって $f(V_i) \subset W_j$ となっている．しかも，この制限写像 $V_i \to W_j$ はアフィン代数多様体の正則写像である．

X を $N_{\boldsymbol{R}}$ の扇とし，Y を $N'_{\boldsymbol{R}}$ の扇とする．扇の正則写像 $f = (f_0, \phi): X \to Y$ があったとして，これからトーリック多様体の正則写像 $f_{\boldsymbol{C}}: X_{\boldsymbol{C}} \to Y_{\boldsymbol{C}}$ を構成する．

まず，X と Y がアフィン扇の場合を考える．$X = F(\pi), Y = F(\rho)$ とする．この場合，線形写像 $\phi_{\boldsymbol{R}}: N_{\boldsymbol{R}} \to N'_{\boldsymbol{R}}$ により，$\phi_{\boldsymbol{R}}(\pi) \subset \rho$ となる．π の各面 $\sigma \in F(\pi)$ について，$f_0(\sigma)$ は $\phi_{\boldsymbol{R}}(\sigma)$ を含む ρ の面で最小のものである．ϕ の双対写像を ${}^{\mathrm{t}}\phi: M' \to M$ とする．$x \in \rho^\vee$ とすると，任意の $v \in \pi$ について

$$\langle {}^{\mathrm{t}}\phi_{\boldsymbol{R}}(x), v\rangle = \langle x, \phi_{\boldsymbol{R}}(v)\rangle \geqq 0$$

となるので ${}^{\mathrm{t}}\phi_{\boldsymbol{R}}(x) \in \pi^\vee$ である．よって ${}^{\mathrm{t}}\phi_{\boldsymbol{R}}(\rho^\vee) \subset \pi^\vee$ となる．したがって，${}^{\mathrm{t}}\phi$ は半群の準同型 $\mathcal{S}(\rho) \to \mathcal{S}(\pi)$ を引き起こす．これから可換環の準同型 $\boldsymbol{C}[\mathcal{S}(\rho)] \to \boldsymbol{C}[\mathcal{S}(\pi)]$ が得られ，これによるアフィントーリック多様体の正則写像 $f_{\boldsymbol{C}}: F(\pi)_{\boldsymbol{C}} \to F(\rho)_{\boldsymbol{C}}$ が得られる．

補題 5.11.1　$f = (f_0, \phi): F(\pi) \to F(\rho)$ をアフィン扇の正則写像とし，$f_{\boldsymbol{C}}: F(\pi)_{\boldsymbol{C}} \to F(\rho)_{\boldsymbol{C}}$ をこれから得られるアフィントーリック多様体の正則写像とする．任意の $\sigma \in F(\pi)$ に対して $\eta = f_0(\sigma)$ とすると，ϕ は $\phi_{\sigma/\eta}: N[\sigma] \to N[\eta]$ を引き起こす．これから得られる代数的トーラスの準同型 $T[\sigma] \to T[\eta]$ を u_σ と書けば，図式

$$\begin{array}{ccc} T[\sigma] & \xrightarrow{u_\sigma} & T[\eta] \\ \downarrow & & \downarrow \\ F(\pi)_{\boldsymbol{C}} & \xrightarrow{f_{\boldsymbol{C}}} & F(\rho)_{\boldsymbol{C}} \end{array} \tag{5.14}$$

が可換となる．ただし，縦方向は自然な埋め込みの写像とする．

証明 $\phi_{\boldsymbol{R}}(\sigma) \subset \eta$ であるから，$\phi(N(\sigma)) \subset N(\eta)$ となり，剰余加群の準同型 $\phi_{\sigma/\eta}$ が得られる．

α を $\boldsymbol{C}[\mathcal{S}(\pi)]$ の $\boldsymbol{C}$ 値点で $T[\sigma]$ に含まれるものとする．このとき，命題 5.3.3 により，$m \in \mathcal{S}(\pi)$ で $\alpha(m) \neq 0$ となるのは，$m \in \mathcal{S}(\pi) \cap \sigma^{\perp}$ の場合である．$m' \in \mathcal{S}(\rho)$ とすると，${}^{\mathrm{t}}\phi_{\boldsymbol{R}}(m') \in \sigma^{\perp}$ となるのは $m' \in \mathcal{S}(\rho) \cap \phi_{\boldsymbol{R}}(\sigma)^{\perp}$ の場合であるが，$\phi_{\boldsymbol{R}}(\sigma)$ は η に含まれ η の相対内部の点を含むので，補題 1.2.7 により

$$\mathcal{S}(\rho) \cap \phi_{\boldsymbol{R}}(\sigma)^{\perp} = \mathcal{S}(\rho) \cap \eta^{\perp}$$

となる．すなわち，$f_{\boldsymbol{C}}(\alpha)(m') \neq 0$ となるのは $m' \in \mathcal{S}(\rho) \cap \eta^{\perp}$ の場合である．したがって，命題 5.3.3 により，$f_{\boldsymbol{C}}(\alpha)$ は $F(\rho)_{\boldsymbol{C}}$ を構成する代数的トーラスのうち $T[\eta]$ に含まれる．しかも，この対応は ${}^{\mathrm{t}}\phi$ の制限である $M[\eta] \to M[\sigma]$ によって引き起こされている．これは $\phi_{\sigma/\eta}$ の双対写像であるから，図式の可換性がわかる． 証明終わり

一般の $f = (f_0, \phi) : X \to Y$ について考える．

各 $\pi \in X$ に対して $\rho := f_0(\pi)$ は $\phi_{\boldsymbol{R}}(\pi)$ を含む Y の錐体で最も小さいものであった．これから，アフィントーリック多様体の正則写像 $F(\pi)_{\boldsymbol{C}} \to F(\rho)_{\boldsymbol{C}} \subset Y$ が得られる．この正則写像をすべての $\pi \in X$ について考える．これらの正則写像が共通部分で同じ写像を与えていることは，X を代数的トーラスの和に分解して考えることにより，図式 (5.14) の可換性からわかる．したがって，$X_{\boldsymbol{C}}$ から $Y_{\boldsymbol{C}}$ への正則写像が得られる．これを一般の場合の $f_{\boldsymbol{C}}$ と定義する．

トーリック多様体間の正則写像は扇の写像から得られるものだけとは限らない．このように扇の正則写像から得られるものを，トーリック多様体の**同変正則写像**という．2 章ではさまざまな扇の写像を扱ったが，これらに対応するトーリック多様体の同変正則写像が存在することになる．

参 考 文 献

ヒルベルトの基底定理については

[1] 堀田良之：代数入門 — 群と加群（数学シリーズ，裳華房）

[2] 森田康夫：代数概論（数学選書，裳華房）

など多くの代数学の教科書にある．

拡大体の超越次数については，たとえば

[3] 永田雅宜：可換体論（数学選書，裳華房）

の III, §3.1 にある．また，代数多様体の直積がまた代数多様体になることも，[3] の定理 3.10.12 にある．

定理 5.1.2 の形の**ヒルベルトの零点定理**は

[4] M. F. Atiyah and I. G. Macdonald, Introduction to Commutative Algebra, Addison-Wesley, 1969.

の Corollary 5.24 や Corollary 7.10, あるいは

[5] 永田雅宜：可換環論（紀伊國屋数学叢書，紀伊國屋書店），1974.

の系 4.1.2 にある．また，**ネーターの正規化定理**については [4] の p.69 に実質的な証明がある．

凸多面体やトーリック多様体についての豊富な定理などは

[6] 小田忠雄：凸体と代数幾何学（紀伊國屋数学叢書，紀伊國屋書店），1985.

に紹介されている．これに，さらに多くの内容を加えた英語版

[7] T. Oda, Convex Bodies and algebraic geometry, Springer-Verlag, 1988.

もある．その他，トーリック多様体のポピュラーな教科書として

[8] W. Fulton, Introduction to Toric Varieties, Princeton University Press, 1993.

がある．

代数幾何学の参考書は日本語のものも含めいろいろあるが，標準的な教科書として

[9] R. Hartshorne, Algebraic Geometry, Springer-Verlag, 1977.

だけをあげておく．

索　　引

タ　行

ナ　行

ハ　行

編集者との対話

E:　まず最初に，著者の思いを語って下さい．

A:　自己中心主義的と言われるかも知れませんが，トーリック多様体の理論が幾何学の中心にあるように思っています．トーリック多様体は歴史的には比較的新しいものですが，理論としての幾何学の中では出発点にあって，これがいろいろな方向に複雑化して幾何学全体をつくっているように見えます．もちろんこれは，この本でも書いたように，錐体の集まりである扇をトーリック多様体と考えた場合です．

最も単純な多様体は単体的複体でしょうが，これだけでは幾何学としては不足で，微分構造や計量，あるいは複素構造などを考えることにより豊富な幾何学の理論が展開されることになります．扇は単体的複体や胞体的複体に似たものですが，ずっと多くの幾何学的情報をもっています．例えば，これをもとにいろいろな加群の準同型列である「複体」をつくることにより，代数幾何学の基本的な定理であるセールの双対性定理，ドラム複体の理論や交叉コホモロジー群などが，それらの原型かと思われるすっきりした形で記述されます．

一般的にはトーリック多様体はごく特殊な代数多様体と考えられることが多いと思いますが，私としてはトーリック多様体は最も基本的な代数多様体と考えます．スキーム理論では基礎体あるいは係数環という考え方があります．これは代数多様体を定義する方程式の係数を考える範囲のことで，見方にもよりますが単純な多様体ほど係数環が小さくなります．この意味でいえば，トーリック多様体は，環ではありませんが，1 だけの集合を係数環とする多様体といえます．扇はこのような小さい係数環のための「スキーム」と考えるべきでしょう．

代数幾何学の一般論を学んだ後にトーリック多様体を知ると，個々の多様体は面白みに欠けるような印象があります．しかし，いまも様々な形でさかんに研究されていることを考えると，トーリック多様体は細いですが代数幾何学の中心を貫いている軸のようなものと思います．

E:　本書はどれくらいの予備知識で読めますか．

A:　線形写像や双対空間を使うので線形代数の知識は必要ですが，予備知識は極力少なくて済むようにしました．しかし，凸錐体の集まりである扇を論理だけで考えるのは大変ですから，空間図形を考えることへの慣れは必要です．

E:　代数幾何学を知らない人が本書を読み終えたとき，代数幾何学を勉強した人とのギャップはどんなものですか．

A:　現在では代数幾何学は非常に大きく深く発展しています．トーリック多様体を学ぶことは，その中に細いですが深く入ることになると思います．しかし，もちろん代数幾何学を本格的にやるにはそれだけではだめで，別にスキームの一般論や代数曲線論などを学ぶことが必要です．

E:　本書で書き残したことは？

A:　トーリック多様体について書くべきことはコホモロジー群のことなどまだまだたくさんありますが，代数幾何学の一般論を仮定していないのでこの程度が限界かと思います．

E:　トーリック多様体の出処について，少し歴史的に語ってもらえますか．

A:　最初にトーリック多様体の理論が現れたのは 1970 年の Demazure の論文のようですが，有名になったのは Mumford たちがシュプリンガーのレクチャーノート第 339 巻を出してからだと思います．この本では代数的トーラスの同変埋め込みという形で書かれていたので，このような多様体を「トーラス埋込み」と呼んでいましたが，1980 年ぐらいからは「トーリック多様体」と呼ぶのが一般的になったように思います．

最初は代数多様体の退化族の安定化やアーベル多様体のモジュライのコンパクト化など，特異点の組合せ論的扱いや非特異化に用いられていましたが，やがてトーリック多様体自体にも興味がもたれ多くの研究がされるよになりました．射影空間に代わる代数多様体の入れ物としての研究も多く，特にトーリック・ファノ多様体に入るカラビ・ヤウ多様体の研究は，理論物理学におけるミラー対称性の研究との関係で多くの人の興味を引いています．

E:　（最後に），トーリック多様体を勉強すると，いろいろな分野とリンクしてくる．その辺の魅力をアピールして頂けますか．

A:　私が語れるところは多くはないのですが，先に言ったアーベル多様体のモジュライ理論やミラー対称性の問題を始め，超幾何微分方程式，微分幾何学および組合せ論に深い関係があります．利点はなんと言っても計算できる具体例がつくりやすいという点にあります．代数多様体は方程式を与えれば定義されるのですが，実際には方程式だけでは手も足もでないことが多いものです．トーリック多様体の場合は，錐体やそれを生成する格子点を与えることになりますので，凸体の幾何学的な考察が可能ですし，座標の整数データを計算機にかけることもできます．

10年以上前にトーリック多様体に関係したカスプ特異点の不変量の双対性を調べていたとき，60種類ぐらいの4次元錐体の非特異化を行って不変量の計算をしたのですが，中には1000回以上ブローアップしないと非特異化されないものもあって，パソコンでの計算に1時間以上かかりました．ところが，先日同じプログラムを最近のパソコンで走らせると1分もかからず終了しました．最近の非常に高性能なパソコンをメールやインターネットだけに使うのはもったいないと思います．計算機を手足ならぬ頭脳の一部として活用してほしいと思います．もっともこのプログラムも制作に何週間もかかっていますから，プログラム作りは容易なものではありません．しかし，トーリック多様体の理論に計算機がどれくらい使えるのかを考えるのも面白いと思います．

あまり的を射ない返事もあり，すみませんでした．

著 者 略 歴

石田 正典（いしだ まさのり）

1952 年　岡山県に生まれる
1977 年　京都大学大学院理学研究科
　　　　修士課程修了（数学専攻）
現　在　東北大学大学院理学研究科
　　　　教授・理学博士

すうがくの風景 2
トーリック多様体入門 ―扇の代数幾何―　定価はカバーに表示

2000 年 5 月 20 日　初版第 1 刷
2018 年 9 月 25 日　　第 9 刷

著 者　石 田 正 典
発行者　朝 倉 誠 造
発行所　株式会社 朝 倉 書 店
東京都新宿区新小川町6-29
郵 便 番 号　162-8707
電 話　03 (3260) 0141
FAX　03 (3260) 0180
http://www.asakura.co.jp

〈検印省略〉

三美印刷・渡辺製本

ISBN 978-4-254-11552-9 C3341　Printed in Japan